소규모 업체를 위한 순대 HACCP관리

식품의약품안전처 · 한국식품안전관리인증원

Hazard

Analysis

Critical

Cotrol

Point

이 책자의 내용은 '순대(즉석조리식품)'에 대한 조사·연구 및 기존 해썹 인증업체의 실험결과 등을 바탕으로 작성된 것으로 소규모 업체에서 해썹을 운영하기 위해 필요한 핵심적인 관리기준을 제시하였으므로 업체 실정에 맞게 수정·보완하여 활용하시기 바랍니다.

목차

	제(개)정일자	2015.00.00

[HACCP관리]

- HACCP의 7원칙이란? ··· 5
- 1. 요약 ··· 7
- 2. 현황 ··· 9
- 3. HACCP팀 구성 및 역할 ·· 12
- 4. 주기적 관리 계획 ··· 14
- 5. 제품설명서 ··· 17
- 6. 공정흐름도 ··· 19
- 7. 위해요소분석 및 공정별 관리방법 ·························· 22
- 8. CCP결정 ·· 32
- 9. 한계기준 설정 ··· 36
- 10. 중요관리점(CCP) 및 기준 이탈 시 조치 ················· 44
- 11. 검증 ·· 46
- 12. 교육·훈련 ·· 51

[선행요건관리]

- 1. 제조공정 위생관리 ··· 57
- 2. 일반 위생관리 ··· 65
- 3. 위해요소 및 예방·제거방법 ································· 78

[기록(점검표)]

- 중요관리점(CCP) 점검표 ··· 81
- 중요관리점(CCP) 검증 점검표 ·································· 83
- 일반위생관리 및 공정점검표 ···································· 84
- 점검표 및 일지 ·· 85

HACCP관리기준 예시

HACCP관리

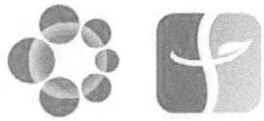
회사로고

― 업 체 명 ―

HACCP관리 목차	제(개)정일자	2015.00.00

[HACCP관리]

HACCP의 7원칙이란? ·· 5

1. 요약 ·· 7

2. 현황 ·· 9

3. HACCP팀 구성 및 역할 ·· 12

4. 주기적 관리 계획 ·· 14

5. 제품설명서 ·· 17

6. 공정흐름도 ·· 19

7. 위해요소분석 및 공정별 관리방법 ························ 22

8. CCP결정 ·· 32

9. 한계기준 설정 ·· 36

10. 중요관리점(CCP) 및 기준 이탈 시 조치 ············ 44

11. 검증 ·· 46

12. 교육·훈련 ·· 51

	제·개정이력	제(개)정일자	2015.00.00

년 월 일	제(개)정 내용	제(개)정 사 유	작성	승인
2015.00.00	최초 제정	HACCP 적용을 위한 제정		
2015.00.00	양식 및 내용 수정 보완	최초 검증에 따른 개선조치		

☞ Tip ☜
기준서 작성과 관련된 담당자들의 수기 서명 기록

☞ Tip ☜
개정 이후에는 반드시 내용 작성과 수기 서명 기록

제시하는 관리기준 작성 요령

☐ **파란색 또는 빨간색으로 진하게 되어 있는 내용**
  ▶ 종사자는 총 OO명
  ▶ 식육가공품으로 신고 된 경우
☐ **예시 또는 [예시] OOO**
  ▶ 조직도 예시
  ▶ [예시] 중요관리점(CCP)

→ 자사 기준으로 수정 및 보완하여 작성

☐ ☞ **Tip** ☜
  ▶ ☞ Tip ☜ 영업신고증의 내용과 동일하게 작성

→ 작성 이해를 돕는 문구로 이해 후 삭제 가능

HACCP의 7원칙이란?	제(개)정일자	2015.00.00

☐ HACCP 7원칙이란, HACCP을 적용하기 위한 기본적인 절차로 "위해요소 분석", "중요관리점 결정", "중요관리점의 한계기준설정", "중요관리점별 모니터링 체계 확립", "개선조치방법 수립", "검증절차 및 방법 수립", "문서화 및 기록유지방법 설정"을 말한다.

원칙 1	위해요소 분석	원·부재료 및 제조공정에서 발생될 수 있는 위해요소[식중독균, 농약 및 중금속, 이물 등]를 확인하는 것이다.
원칙 2	중요관리점 결정	확인된 위해요소를 제거할 수 있는 공정을 찾고 결정하는 것이다. 예) 금속검출공정, 살균공정
원칙 3	중요관리점의 한계기준 설정	중요관리점에서 위해요인이 제거될 수 있는 공정조건을 말한다. 예) 금속검출공정, 살균공정
원칙 4	중요관리점별 모니터링 체계확립	위해요인을 제거될 수 있는 조건이 유지되는 지를 확인·기록하는 방법을 설정하고 관리하는 것을 말한다.
원칙 5	개선조치방법 수립	중요관리점 모니터링 중 실제 공정조건이 설정된 한계기준에서 벗어났을 때의 조치방법을 설정하고 관리하는 것을 말한다.
원칙 6	검증절차 및 방법 수립	중요관리점이 제대로 설정되었는지, 한계기준이 적절히 설정되었는지, 모니터링은 제대로 이루어지고 있는지를 확인하고 문제점을 개선하는 것을 말한다.
원칙 7	문서화 및 기록유지 방법설정	"위해요소분석"부터 "검증절차 및 방법 수립"까지 설정된 기준과 기록을 문서화하고 관리하는 것을 말한다.

1.	**HACCP관리기준 요약**	제(개)정일자	2015.00.00

○ 본 업소는 순대(즉석섭취·편의식품류/즉석조리식품)를 생산하는 식품제조·가공업소로 종사자는 총 OO명, 연매출액은 약 OO억원 (OO년 생산실적 보고 기준)이며, 순대류 OO개(품목제조보고 된 동일 유형 제품) 제품을 생산하여 OOO, OOO(예-프랜차이즈, 대리점) 등에 주로 납품 및 판매하고 있다.

☞ Tip ☜
생산실적 보고서와 품목제조보고서를 참조하여 작성

○ 본 업소의 순대류는 당면과 선지, 채소 등을 배합, 충진(소창), 증숙, 냉각, 내포장, 금속검출, 살균, 냉장/냉동보관 등의 공정을 거쳐 외포장하여 생산된 제품으로 원료 취급과정에서의 오염이나 불충분한 살균, 교차오염 등으로 식중독균(장출혈성대장균 등)에 오염되거나, 원료 및 제조과정에서 이물(금속 등)이 혼입될 수 있으며,

○ 이로 인한 주요클레임 발생사례는 최근 3년간 소비자클레임 O건이 있었다.
   - 연도별 주요 클레임내용은 '13년도 이물검출 O건(비닐), '14년도 순대 O건(진공풀림), '15년도 금속이물 O건이다.

☞ Tip ☜
클레임 건수와 내역을 작성

○ 이러한 위해 발생을 사전에 예방하기 위해 중점적으로 관리해야 하는 공정은 살균공정으로 판단되며, 금속 등 이물 혼입 또한 중점적으로 관리할 필요가 있다.

○ 본 업소에서 생산하는 순대류는 금속검출공정을 CCP-1P로 관리하여 Fe(철) 2.0mmφ, STS(스테인리스) 2.5mmφ 이상의 금속이물 혼입 여부를 상시 확인하고, 금속검출기의 정상 작동여부를 작업시작 전, 작업 중 2시간, 작업종료 시 마다 모니터링하고,

☞ Tip ☜
자사 한계기준의 효과를 확인하여 수정

○ 또한, 살균공정에서 온도와 시간, 살균 후 품온을 각각 설정하여 CCP-2B로 관리하고 있으며, 작업시작 전, 작업 중 2시간, 작업종료 시 마다 모니터링하고, 한계기준 이탈여부를 기록하고 있다.

☞ Tip ☜ 제조공정 중 내포장 전 증숙 또는 자숙(살균)이 식중독균을 제어하는 공정으로 설정되는 경우, 증숙 또는 자숙이 CCP-1B, 이후 공정인 금속검출을 CCP-2P로 표시

| 1. | **HACCP관리기준**
요약 | 제(개)정일자 | 2015.00.00 |

○ 종합적인 공정 및 일반위생관리를 위해 개인 위생상태, 작업장 청결 확인 등 총 OO개 항목에 대하여 정기점검(일일 O, 주간 O, 월간 O, 분기 O, 반기 O, 연간 O)을 실시하고 있으며,

☞ Tip ☜ 첨부되는 일반위생관리 및 공정점검표를 자사기준에 맞게 수정 후 관리 항목 수를 기입

○ 주기적인 모니터링을 통해 미흡사항의 원인을 파악하고 문제점을 제거 및 개선하는 등 체계적이고 지속적인 관리가 필요하다.

2.	**HACCP관리기준 현황**	제(개)정일자	2015.00.00

○ 본 업소는 '00년도부터 공단지역 내 (소재지 : 대전광역시 중구 보문로 246)에 위치하고, 건물은 00년 된 (콘크리트, 철골 등) 구조로서 자가/임대하여 사용하고 있으며, 총면적은 00㎡로 제조시설로 선별작업대, 불림조, 배합기, 충진기, 증숙기, 살균기, 냉각기, 포장기, 금속검출기 등의 설비와 냉동/냉장창고를 갖추어 운영하고 있다.

☞ Tip ☜
영업신고증의 내용과 동일하게 작성

○ 본 업소의 주요 생산품목은 순대류로 연간 생산량은 약 000㎏이며, 연간 매출액은 000원이고 주로 대리점, 학교급식, 중소형유통업체 등에 판매하고 있다.

☞ Tip ☜
생산실적보고와 동일하게 작성

○ 본 업소는 대표자와 0명(생산직 0명, 관리직 0명)으로 구성되어 있으며, 직원의 연령층은 60대 0명, 50대 0명, 40대 0명, 30대 0명, 20대 0명으로, 종사자 중 식품관련학과를 졸업한 직원은 0명, 외국인 근로자 0명, 순대 관련 분야에서 3년 이상 종사한 직원은 0명이 있다.

○ 본 업소에서는 순대류 총 0개 제품을 생산하고 있다.

○ 본 업소의 순대류는 원료를 당면과 선지, 야채 등을 배합, 충진(소창), 증숙, 냉각, 내포장, 금속검출기 통과, 살균, 외포장을 거쳐 생산되며, 금속검출공정(CCP-1P)과 살균공정(CCP-2B)을 중점적으로 관리하고 있다.

2.	HACCP관리기준 현황	제(개)정일자	2015.00.00

[예시] 중요관리점(CCP)

CCP-1P : 금속검출공정

한계기준	금속이물(Fe 2.0mmΦ, STS 2.5mmΦ 이상) 불검출		
	방법	**주기**	**책임자**
모니터링	○ 기기감도 측정 모니터링 담당자는 기기 중간에 Test piece(Fe 2.0mmΦ, STS 2.5mmΦ)를 통과 시켜 검출여부를 확인하고 모니터링 일지에 기록한다. ○ 제품감도 측정 모니터링 담당자는 제품 중간에 Test piece(Fe 2.0mmΦ, STS 2.5mmΦ)를 넣고 기기에 통과시켜 검출여부를 확인하고 모니터링 일지에 기록한다. ○ 통과량 및 검출량 측정 모니터링 담당자는 통과된 양과 검출된 양을 CCP-1P 모니터링 일지에 기록한다. ○ 종료 후 HACCP팀장에게 보고 및 승인	- 작업시작 전 - 작업 중 2시간마다 - 작업 종료 후	세종
개선조치	○ 금속성 이물 검출 시 - 모니터링 담당자는 즉시 금속검출기의 작업을 중지하고 공정품을 보류하고 해당(이탈) 제품을 제거한다. - 공정품에 혼입된 금속이물을 찾아내고, 그 출처를 조사하여 원인을 제거한다. - 금속이물 검출 내역 및 개선조치 사항을 모니터링 일지에 기록 ○ 감도 이상 발생 시(설정된 감도가 바뀌는 경우) - 모니터링 담당자는 즉시 금속검출기의 작업을 중지하고 공정품을 보류한다. - 감도를 재조정한 후 정상적으로 작동 시 재가동한다. - 감도이상 발생 전부터 정상운전 확인시점까지 생산된 제품을 다시 검사한다. - 재검사 후 그 내역 또는 개선조치 사항을 모니터링 일지에 기록 ○ 기계적 고장 시 - 모니터링 담당자는 즉시 금속검출기의 작업을 중지하고 공정품을 보류한다. - 수리 후 정상적으로 작동 시 재가동한다. - 수리 불가능할 때에는 납품업체에 수리를 의뢰한다. ☆ 금속검출기의 고장으로 정상 운전 확인 이후에 생산된 제품과 금속검출기 미 통과제품에 대해서는 전량 검사대기품 표시(냉동보관)를 하여 금속검출기 수리 완료 후 전량 재통과한다. ○ 공통 : 개선조치 시 - 문제 발생 시 HACCP팀장에게 보고 후 조치하며, 개선조치 후 모니터링 일지에 기록 후 HACCP팀장에게 승인을 받는다.		

☞ Tip ☜ 자사 제품 및 기계 특성, 작업 환경 등에 따라 한계기준 설정(수정, 보완) 필요

☞ Tip ☜
모니터링 방법은 현장 종사자가 정확한 수치를 기록할 수 있도록 방법 작성

☞ Tip ☜
한계기준은 금속검출 유효성 평가 결과를 바탕으로 작성

☞ Tip ☜
모니터링 위치는 금속검출 유효성 평가 결과 중 취약 위치를 기준으로 선정

☞ Tip ☜
발생할 수 있는 상황별로 대처 방법을 작성

2.	HACCP관리기준 현황	제(개)정일자	2015.00.00

[예시] 중요관리점(CCP)

CCP-2B : 살균공정

	방법	주기	책임자
한계기준	살균온도 : 95~100℃, 살균시간 : 컨베이어 형태 → 00rpm(00분~00분), 　　　　　 정치식 형태 → 15분~20분 살균 후 품온 : 70~85℃		
모니터링	○ 살균온도 측정 모니터링 담당자는 컨트롤판넬 세팅온도를 확인하여 살균을 실시하여 모니터링일지에 기록한다. ○ 살균 시간 측정 모니터링 담당자는 살균온도가 98℃에 도달되면 제품을 투입과 동시에 타이머 start버튼을 누르고 제품의 살균처리 종료시점과 동시에 stop버튼을 눌러 모니터링된 시간을 모니터링일지에 기록한다. ○ 살균 후 품온 측정 모니터링 담당자는 살균이 종료된 제품에 대하여 온도계로 품온을 측정하여 모니터링일지에 기록한다. ○ 종료 후 HACCP팀장에게 보고 및 승인	- 작업시작 전 - 작업 중 2시간마다 - 작업종료시	문종
개선조치	○ 살균 온도, 살균 속도(시간), 살균 후 품온 미달 시 - 모니터링 담당자는 한계기준 이탈시 즉시 작업을 중지한다. - 살균 온도와 살균 속도(시간)를 재조정한 후 미달된 제품에 대하여 재살균을 실시하고 제품(관능)검사를 실시하여 이상이 없을 시 다음 공정을 진행한다. - 한계기준 이탈내용과 개선조치 내용을 모니터링 일지에 기록 ○ 살균온도, 살균 속도(시간) 초과, 살균 후 품온 초과 시 - 모니터링 담당자는 한계기준 이탈시 즉시 작업을 중지한다. - 제품(관능)검사를 실시하여 이상이 없을 시 다음 공정을 진행하여 한다. - 한계기준 이탈내용과 개선조치 내용을 모니터링 일지에 기록 ○ 기계고장 시 - 모니터링 담당자는 살균기 등 기계고장 시 즉시 작업을 중지한다. - 수리 후 정상적으로 작동 시 재가동한다. ☆ 즉각적인 수리가 불가능할 경우 교차오염이 되지 않도록 보호 조치하여 냉장창고에 보관한 후, 수리가 끝나면 제품 생산을 계속 한다. ○ 공통 : 개선조치 시 - 문제 발생 시 HACCP팀장에게 보고 후 조치하며, 개선조치 후 모니터링 일지에 기록 후 HACCP팀장에게 승인을 받는다.		

☞ Tip ☜ 모니터링 방법은 현장 종사자가 정확한 수치를 기록할 수 있도록 방법 작성

☞ Tip ☜ 한계기준은 살균 유효성 평가 결과를 바탕으로 작성

☞ Tip ☜ 발생할 수 있는 상황별로 대처 방법을 작성

☞ Tip ☜ 자사 제품 및 기계 특성, 작업 환경 등에 따라 한계기준 설정(수정, 보완) 필요

3.	HACCP관리기준 HACCP팀 구성 및 역할	제(개)정일자	2015.00.00

○ 조직도 예시

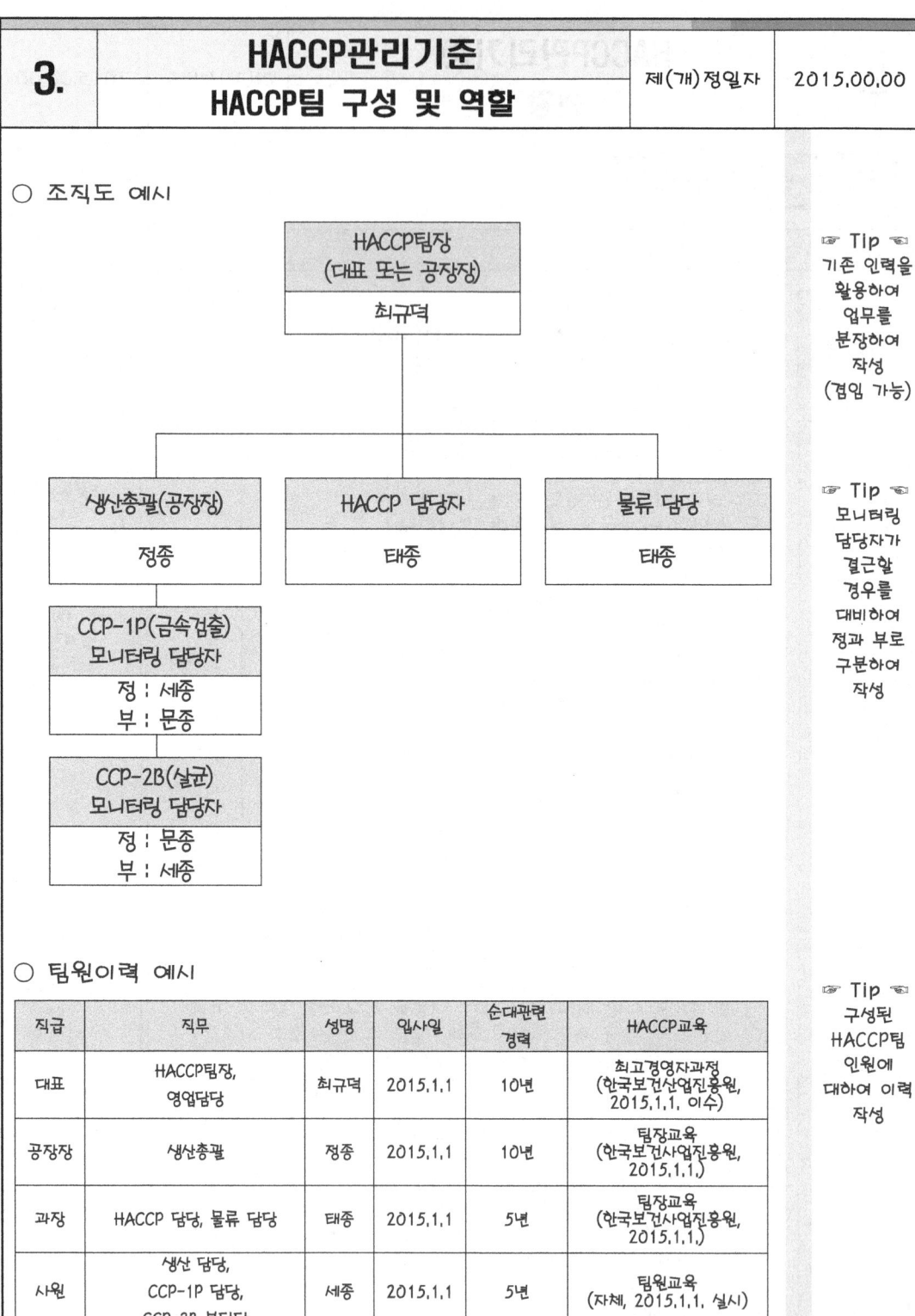

○ 팀원이력 예시

직급	직무	성명	입사일	순대관련 경력	HACCP교육
대표	HACCP팀장, 영업담당	최규덕	2015.1.1	10년	최고경영자과정 (한국보건산업진흥원, 2015.1.1. 이수)
공장장	생산총괄	정종	2015.1.1	10년	팀장교육 (한국보건산업진흥원, 2015.1.1.)
과장	HACCP 담당, 물류 담당	태종	2015.1.1	5년	팀장교육 (한국보건산업진흥원, 2015.1.1.)
사원	생산 담당, CCP-1P 담당, CCP-2B 부담당	세종	2015.1.1	5년	팀원교육 (자체, 2015.1.1. 실시)
사원	생산 담당, CCP-2B 담당, CCP-1P 부담당	문종	2015.1.1	5년	팀원교육 (자체, 2015.1.1. 실시)

☞ Tip ☜
기존 인력을 활용하여 업무를 분장하여 작성 (겸임 가능)

☞ Tip ☜
모니터링 담당자가 결근할 경우를 대비하여 정과 부로 구분하여 작성

☞ Tip ☜
구성된 HACCP팀 인원에 대하여 이력 작성

| 3. | HACCP관리기준 HACCP팀 구성 및 역할 | 제(개)정일자 | 2015.00.00 |

○ 책임과 권한 예시
☞ Tip ☜ 자사 규모에 맞게 업무를 분장(한명이 여러 업무 가능)

담당	업무	주기		관련기록	인수인계
최규덕 (대표)	표준기준서 승인	제정 시		표준기준서	정종 (공장장)
	중요관리공정(CCP)검증표 작성	매월	첫째 주 월요일	중요관리점 검증 점검표	
정종 (공장장)	중요관리점 점검내용 개선 및 승인	매일	작업 종료 후	CCP 점검표	최규덕 (대표)
	종사자 위생교육 여부	매월	첫째 주 월요일	위생교육일지	
태종 (HACCP 담당자)	위생복 및 외출복장의 구분보관 여부, 종사자 복장 및 위생상태, 위생설비 이상 유무 등 확인	매일	작업 시작 전	일반위생관리 및 공정점검표	정종 (공장장)
	작업장 밀폐상태, 작업도구의 파손여부 등 시설설비 고장여부 및 관리상태 점검 등 확인		작업 시작 전	일반위생관리 및 공정점검표	
	사용수(지하수)의 살균, 소독, 여과 등 정수처리 상태 확인				
	작업장 위생상태 점검내용 확인 및 승인 - 청결작업구역 교차여부 확인 - 식품위생법 시설기준, 영업자 준수사항 등 확인	매일	작업 중	일반위생관리 및 공정점검표	
	작업장 바닥, 벽, 배수로 청소·소독 상태, 제조설비 (제품과 닿는 부분) 청소·소독상태 확인	매일	작업 종료 후	일반위생관리 및 공정점검표	
	폐기물 처리상태 확인		작업 종료 후	일반위생관리 및 공정점검표	
	원·부재료 시험성적 수령여부, 운송차량 온도 확인 및 육안검사, 입·출고, 재고 점검 관리	매일	입고 시	원·부재료 입고검사일지	
	냉장/냉동창고 내부청소 상태, 작업장 벽 청소 상태, 제조설비(제품과 직접 닿지 않는 부분) 청소·소독 상태, 위생복 세탁 실시여부 등을 확인	매주	금요일	일반위생관리 및 공정점검표	
	방충·방서설비 포획 개체수 확인		금요일	포충등 점검표	
	용수검사(상수도) 실시여부를 확인	매월	첫째 주 월요일	관할시청 홈페이지	
	작업장 전체 청소 상태 확인		첫째 주 월요일	일반위생관리 및 공정점검표	
	완제품 검사(자가품질검사) 의뢰 여부 확인	매분기	첫째주 월요일	완제품 시험 성적서	
	용수검사(지하수) 실시여부 확인 및 용수탱크의 청소·소독상태 확인	매년간	마지막주 월요일	검사성적서	
	살균기, 및 냉장/냉동창고 온도계 등 검교정 여부 확인, 금속검출기는 정기점검 여부 확인			검사설비 검교정보고서	
세종 (팀원)	중요관리점(금속검출공정) 관리 및 점검(기록) 모니터링 장비 사용전 후 세척·소독상태 확인	매일	작업시작 전 작업 중 작업종료 후	CCP 점검표 (금속검출공정)	문종 (팀원)
문종 (팀원)	중요관리점(살균공정) 관리 및 점검(기록) 모니터링 장비 사용전 후 세척·소독상태 확인			CCP 점검표 (살균 공정)	세종 (팀원)

4.	HACCP관리기준 주기적 관리 계획	제(개)정일자	2015.00.00

주기적으로 관리해야 할 위생, 공정관리는 별첨(일반위생관리 및 공정점검표)에 따라 매일, 주간, 월간, 분기, 반기, 연간별로 점검·확인한다.

☞ Tip ☜ 자사 기준에 맞게 변경하여 작성

1] 주기적 관리 내용

① 본 업소에서는 매일 종사자 개인위생관리·제조설비 정상작동 여부·제조공정 적정성·작업장 청결상태·사용수(지하수)의 살균, 소독, 여과 등 정수처리 상태 등을 전반적으로 확인·관리한다.

☞ Tip ☜ 지하수가 없는 경우는 지하수 내용 삭제

☞ Tip ☜ 지하수가 없는 경우란? : 지하수를 일시적으로 사용하지 않는 것은 지하수가 없는 것이 아니며, 지하수 폐공을 하거나 원래 없는 경우를 의미함

② 본 업소에서는 매주 방충·방서설비에 포획된 개체수, 작업장 및 제조설비(제품과 직접 닿지 않는 부분) 청소·소독 상태, 위생복 세탁 여부 등을 확인한다.

③ 본 업소에서는 매월 작업장 내 전체청소, 원·부재료 보관상태, 종사자 위생교육, 중요관리점(CCP)검증 결과 등을 확인한다.

☞ Tip ☜ 완제품 검사 주기는 식품위생법 시행규칙 참조

④ 본 업소에서는 매분기별(3개월) 완제품 검사(자가품질검사)를 실시하고 확인한다.

⑤ 본 업소에서는 매반기별 용수탱크 청소·소독을 실시하고 확인한다.

☞ Tip ☜ 용수탱크가 없는 경우는 용수탱크 내용 삭제

⑥ 본 업소에서는 매년 살균기 및 탐침형 온도계, 타이머, 저울, 냉장/냉동 창고 판넬 온도계 등 검·교정 여부, 금속검출기 정기점검 여부를 확인한다.

⑦ 본 업소에서는 매년 금속검출(CCP-1P) 공정과 살균(CCP-2B) 공정의 유효성 평가와 HACCP이 잘 운영되고 있는지 검증가이드를 활용한 검증 여부를 확인한다.

4.	HACCP관리기준 주기적 관리 계획	제(개)정일자	2015.00.00

2) 종사자별 관리내용

① HACCP팀장 최규덕 대표는
HACCP운영에 대한 총괄업무와 중요관리점(CCP) 검증관리표를 작성한다.

② 생산총괄 정종 공장장은
매일 작업 종료 후에는 중요관리점 점검내용 개선 및 승인을 한다.
매월 첫째 주에는 종사자들의 위생교육을 실시한다.

③ HACCP담당자 태종 과장은
○ **매일 작업 시작 전에는**
위생복 및 외출복장의 구분보관 여부, 종사자복장 및 위생상태, 위생설비 이상 유무 등을 확인하고, 작업장 밀폐상태, 작업도구의 파손여부 등 시설설비 고장여부 및 관리상태 점검, 사용수(지하수)의 살균, 소독, 여과 등 정수처리 상태 등을 전반적으로 확인·관리한다.

○ **작업 중에는**
청결작업구역의 교차오염여부 확인과 식품위생법 시설기준, 영업자 준수사항을 확인하고, 원·부재료가 입고 시 원·부재료 시험성적서 수령여부와 운송차량 온도 확인 및 육안검사, 입·출고, 재고를 점검 관리한다.

○ **작업 종료 후에는**
작업장 바닥, 벽, 배수로 청소·소독 상태, 제조설비(제품과 닿는 부분) 청소·소독상태 확인과 폐기물 처리상태 확인을 한다.

○ **매주 금요일에는**
방충·방서 설비에 포획된 개체수를 확인, 냉장/냉동 창고 내부청소 상태, 작업장 벽 청소 상태 제조설비(제품과 직접 닿지 않는 부분) 청소·소독 상태, 위생복 세탁 실시 여부 등을 확인한다.

○ **매월 첫째 주에는**
작업장 전체 청소 상태를 확인한다.

☞ Tip ☜
자사 기준에 맞게 변경하여 작성

☞ Tip ☜
책임과 권한 예시를 수정하여 일치하게 작성

| 4. | HACCP관리기준
주기적 관리 계획 | 제(개)정일자 | 2015.00.00 |

○ 매분기 첫째 주에는
  완제품 검사의뢰 여부를 확인한다.
○ 매 반기 첫째 주에는
  지하수 검사, 용수탱크 청소·소독여부를 확인한다.
○ 매년 마지막주에는
  살균기, 탐침온도계, 타이머, 저울, 냉장/냉동창고 판넬 온도계 등 검·교정 여부 확인, 금속검출기 정기점검 여부를 확인한다.
  금속검출(CCP-1P) 공정과 살균(CCP-2B) 공정의 유효성 평가와 HACCP이 잘 운영되고 있는지 검증가이드를 활용한 검증 여부를 확인한다.

④ 모니터링 담당자 세종 팀원은
  매일 작업시작전과 작업 중, 작업 종료 후에 금속검출기를 모니터링하여 CCP-1P 모니터링일지에 기록 및 보고한다.

⑤ 모니터링 담당자 문종 팀원은
  매일 작업시작전과 작업 중, 작업 종료 후에 살균기를 모니터링하여 CCP-2B 모니터링일지에 기록 및 보고한다.

☞ Tip ☜
자사 기준에 맞게 변경하여 작성

☞ Tip ☜
책임과 권한 예시를 수정하여 일치하게 작성

5.	HACCP관리기준 제품설명서		제(개)정일자	2015.00.00

☞ Tip ☜	제품설명서 작성 방법	
제품설명서		
제품명	"품목제조(변경)보고서"에 명시된 제품명과 일치	
식품의 유형	"식품공전"의 분류체계에 따른 식품의 유형을 기재	
성상	기본 특성 뿐만 아니라 전체적인 특성을 기재	
품목제조보고 연월일 및 보고자	"품목제조(변경)보고서"에 명시된 보고 날짜를 기재	
작성자 및 작성연월일	제품설명서를 작성한 사람의 성명과 작성날짜를 기재	
성분배합비율	"품목제조(변경)보고서"에 기재된 원료인 식품 및 식품첨가물의 명칭과 각각의 함량을 기재	
제조(포장) 단위	판매되는 완제품의 단위를 중량, 용량, 개수 등으로 기재	
완제품의 규격	구분	법적 규격	사내 규격
	생물학적	식품공전 식품별 기준 및 규격 항목을 적용하여 작성	1) 위해요소분석 위해평가결과 Hazard로 평가된 항목 또는 CCP공정에서 관리하도록 정한 위해요소가 포함되도록 작성 2) 법적규격과 동일하거나 더 높은 수준으로 관리
	화학적		
	물리적		
보관·유통 상의 주의사항	제품 보관 및 유통과정 중 특별히 관리가 요구되는 사항을 기재	
제품용도 및 유통기한	1) 소비계층 또는 섭취 방법을 고려하여 기재 2) "품목제조(변경)보고서"에 명시된 유통기한을 보관조건과 함께 기재 3) 소비자 구매시 섭취방법(그대로 섭취, 가열조리 후 섭취)을 기재	
포장방법 및 재질	1) 특이한 포장방법이 있는 경우 그 방법을 구체적으로 기재 2) 포장재질은 내포장재와 외포장재 등으로 구분하여 기재	
표시사항	1) "식품 등의 표시기준"의 법적 사항에 기초하여 소비자에게 제공해야 할 해당식품에 관한 정보를 기재 2) 제품설명서 내에 기술되어 있는 내용 이외의 것을 기재한다. 3) 기타 필요한 사항을 기재	

| 5. | HACCP관리기준
제품설명서 | 제(개)정일자 | 2015.00.00 |

[예시] 제품설명서 및 제품용도

<table>
<tr><td colspan="4">제 품 설 명 서(예시-순대)</td></tr>
<tr><td>제품명</td><td colspan="3">○○○○○순대</td></tr>
<tr><td>식품의 유형</td><td colspan="3">즉석섭취·편의식품류/즉석조리식품
(식육가공품으로 신고 된 경우 식육가공품의 규격을 적용)</td></tr>
<tr><td>성상</td><td colspan="3">원통형, 00색의 제품으로 고유의 맛과 향이 있음</td></tr>
<tr><td>품목제조보고
연월일 및 보고자</td><td colspan="3">2015.01.01, 최규덕</td></tr>
<tr><td>작성자 및
작성연월일</td><td colspan="3">태종/2015.01.01</td></tr>
<tr><td>성분배합비율</td><td colspan="3">당면 00.0%(중국산/고구마전분 00%), 돈소장 00.0%, 돈혈 00.0%, 돈지방 00.0%, 대파 00.0% 정제염 00.0%, 복합조미식품 00.0%, ···</td></tr>
<tr><td>제조(포장) 단위</td><td colspan="3">진공포장 500g, 1,000g, ···</td></tr>
<tr><td rowspan="4">완제품의 규격</td><td>구분</td><td>법적 규격</td><td>사내 규격</td></tr>
<tr><td>생물학적</td><td>- 세균수: 1g당 100,000 이하
- 황색포도상구균: 1g당 100 이하
- 살모넬라 : n=5, c=0, m=0/25 g</td><td>- 세균수: 10,000cfu/g 이하
- 대장균군 : 음성
- Staphylococcus aureus : 음성
- Listeria monocytogenes : 음성
- 장출혈성대장균 : 음성
- Salmonella spp. : 음성
- Bacillus cereus : 음성
- Clostridium perfringens : 음성</td></tr>
<tr><td>화학적</td><td></td><td></td></tr>
<tr><td>물리적</td><td>- 이물 불검출</td><td>- 연질이물 : 불검출
- 경질이물 : 불검출
- 금속이물 : 불검출(단 Fe 2.0, STS 2.5 mmØ 이상 불검출)</td></tr>
<tr><td>보관·유통 상의 주의사항</td><td colspan="3">보관 : 냉동보관(-18℃ 이하) 또는 냉장보관(0~10℃)
유통 : 냉동차로 운송(-18℃ 이하) 또는 냉장차로 운송(0~10℃)
주의사항 : 충격에 약하므로 떨어뜨리거나 던지지 마세요, 가열 후 섭취하는 냉동/냉장식품이니 반드시 가열 후 섭취해야하며, 개봉된 제품은 변질될 우려가 있으므로 가급적 빨리 섭취해야함</td></tr>
<tr><td>제품용도 및 유통기한</td><td colspan="3">제품용도: 간식 및 반찬
섭취방법 : 제품 가열 후 섭취 또는 끓는 물에 00분 데워서 섭취
품질 유지기한 : 제조일로부터 00개월</td></tr>
<tr><td>포장방법 및 재질</td><td colspan="3">포장방법 : 진공포장으로 내포장 후 골판지 박스에 외포장
포장재질 : ■ 내포장재 - 폴리에틸렌
        ■ 외포장재 - 종이박스</td></tr>
<tr><td>표시사항</td><td colspan="3">제품명, 제조원, 유통기한, 용량, 원료, 보관상의 주의사항, 반품 및 교환처 (또는 소비자 상담실), 문의전화, 경고문구, 부정불량 식품 신고 - 국번없이 1399, 생산자 및 제조장 주소</td></tr>
</table>

☞ Tip ☜
동일 유형의 모든 제품에 대하여 작성

☞ Tip ☜
자사 품목제조 보고서와 일치하도록 작성

☞ Tip ☜
법적규격은 식품공전을 참조

☞ Tip ☜
사내규격은
1. 자사에서 관리할 수 있는 또는 필요한 항목을 작성
2. 법적규격과 동일하거나 더 높은 수준으로 관리

☞ Tip ☜
부정불량 식품신고 번호 작성은 필수

| 6. | **HACCP관리기준**
공정흐름도 | 제(개)정일자 | 2015.00.00 |

[예시] 제조공정도

☞ Tip ☞ 주의 : 자사 제품 특성 반영 및 한계기준 설정 실험결과를 반영하여 작성

```
부원료     주원료     부원료     부원료     부원료     부원료     부원료     용수
(포장재)   (당면)    (돈소장)   (선지)    (돈지,돈육) (농산물)   (첨가물)  (상수도)
   │         │         │         │         │         │         │         │
  입고       입고       입고       입고       입고       입고       입고       입고
   │         │         │         │         │         │         │         │
  보관       보관       보관       보관       보관       보관       보관       보관
 (실온)    (실온)    (냉장)    (냉장)    (냉동)    (냉장)    (실온)
                                          │
                                         계량    해동
                                              (0~10℃,
                                               24시간
                                                이내)
             │
           불림
         (10~25℃,
          6~7시간)
             │
         데침 또는 세척    세척/손질                       세척/절단
          (50~60℃,
           1분~2분)
             │                            가열
           절단/선별                     (95~99℃,
                                         1~2시간)
             │
           계량                           계량     계량     계량
             │
           배합
             │
           충진
             │
           성형
         (증숙 또는
           자숙)
         (00~00℃,
          00~00분)
             │
           냉각
        (팬냉각 또는
         냉각수 조건 기입)
   │         │
  PE       내포장
             │
         금속검출      금속이물(Fe 2.0, STS 2.5mmφ 이상) 불검출
         (CCP-1P)
             │
          살균         살균온도 : 95~100℃,
         (CCP-2B)     살균시간 : 컨베이어 형태 → OOrpm(00분~00분), 정치식 형태 → 15분~20분
                      살균 후 품온 : 70~85℃
             │
           냉각
         (20℃이하,
          20~30분)
   │         │
 골판지     외포장       ☞ Tip ☞ 자사 순대류 중 제조공정이 다른 경우 각각 작성
             │          ☞ Tip ☞ CCP 및 주요공정 등 계측이 필요한 공정은 관리 조건 기입
           보관
         (냉장/냉동)                        냉장 : 0~10℃
             │                             냉동 : -18℃ 이하
           출하
```

6.	**HACCP관리기준** **공정흐름도**	제(개)정일자	2015.00.00

[예시] 제조가공 방법

☞ Tip ☜ 주의 : 자사 제품 특성 반영 및 한계기준 설정 실험결과를 반영하여 작성

제조공정	가공방법 및 관리기준	사용시설 설비,도구	
원·부재료 입고/보관	- 상온보관 원료는 입고검사 후 보관창고에 보관하여 사용한다 - 냉장/냉동보관 원료는 입고검사 시 온도 측정(또는 운반차량 온도기록지 확인) 후 냉장/냉동 창고에 보관하여 사용한다 - 기타 부재료·포장재는 입고검사 후 보관창고에 보관하여 사용한다. - 입고 기준 : 냉장품 10℃↓, 냉동품 -18℃↓, 시험성적서 확인, 원·부재료 입고검사 기준 적합	냉장창고, 냉동창고 보관창고	☞ Tip ☜ 자사 제조 공정 참고하여 작성
불림	- 당면을 불림기에 넣고 불린다. - 온도 : 10~25℃, 시간 : 6~7시간) - 용수는 매 배치별 교체	당면불림기	
해동	- 냉동으로 입고된 돈지 및 돈육을 해동실 또는 해동장소에서 해동한다 - 온도 : 0~10℃, 시간 : 24시간 이내		☞ Tip ☜ CCP 및 주요공정 등 계측이 필요한 공정은 관리 조건 기입
세척/손질	- (농산물)각종 원재료를 세척하여 손질한다	세척대, 커팅기	
	- (돈소창) 돈창세척기에 넣어 세척 또는 흐르는 물로 세척한다 - 시간 : 1~2분	돈창세척기 또는 세척대	
계량	- 1 배합당 소요되는 첨가물 등을 구분하여 계량한다 - 사전 소분 또는 계량하여 보관한 용기에 가공일을 표기한다	계량저울 계량용기	
가열	- 돈지 및 돈육을 가열솥에 넣어 가열한다 - 95~99℃, 1~2시간	가열솥	
당면 데치기	- 불림 계량한 당면을 세척 또는 데친다 - 온도 : 50~60℃, 시간 : 1~2분	용수 가열기	
선별	- 데친 당면을 선별대에서 육안으로 이물질을 선별한다		
배합	- 계량된 원부재료를 넣고 균일하게 배합한다 - 배합된 원부재료는 20분 이내 소진하도록 한다	배합기	
충진	- 충진기계 또는 충진도구를 이용하여 돈소창에 배합된 재료를 충진한다 - 충진된 공정품은 20분 이내 증숙 공정을 실시한다	충진기계 또는 충진도구	
성형(증숙 또는 자숙)	- 충진이 완료된 순대를 증숙기에 넣어 성형한다 - 온도 : 00~00℃, 시간 : 00~00분	증숙기	
냉각	- 냉수를 통해 식힌다 - 컨베이어 냉각기를 통해 냉각하며 내포장실로 이동시킨다 - 온도 : 15℃이하, 시간: 25~35분	수조, 컨베어	
내포장	- 저울을 이용하여 정량 계량한 후 진공포장기를 이용하여 진공포장한다	저울, 진공포장기, 내포장기	
금속검출 (CCP-1P)	- 금속검출기를 통과시켜 금속이물이 혼입된 제품을 제거한다 - Fe 2.0 mmФ, STS 2.5 mmФ 이상 불검출	금속검출기	
살균 (CCP-2B)	- 내포장된 제품을 살균기에 넣어 살균한다 - 온도 : 95~100℃, 시간 : 컨베이어 형태 → 00rpm(00분~00분), 정치식 형태 → 15분~20분, 살균 후 품온 : 70~85℃	살균기, 대차	
냉각	- 살균기를 통과한 제품을 냉각조에서 냉각한다. - 20℃ 이하, 20~30분	냉각기	
외포장	- 냉각기를 통과한 제품을 골판지 상자에 포장 완료한다	테이핑기, 대차	
냉장/냉동 보관	- 외포장된 제품을 냉장/냉동고에서 냉장/냉동한다 - 냉동은 -18℃ 이하, 24시간 이상 보관	냉각기	
출고	- 냉동/냉장 배송차량을 이용하여 출고한다	지게차, 냉장/냉동고, 탑차	

| 6. | HACCP관리기준 공정흐름도 | 제(개)정일자 | 2015.00.00 |

[예시] 평면도

구역설정				
총면적	000㎡			
부대시설 (000㎡)	상온창고, 냉장창고, 냉동창고, 탈의실, 위생전실	일반구역 (000㎡)	전처리실, 세척실, 증숙실, 외포장실, 냉각실(내포장 후)	청결구역 (000㎡)	냉각실(내포장전), 내포장실

○ 영업장 평면도 예시

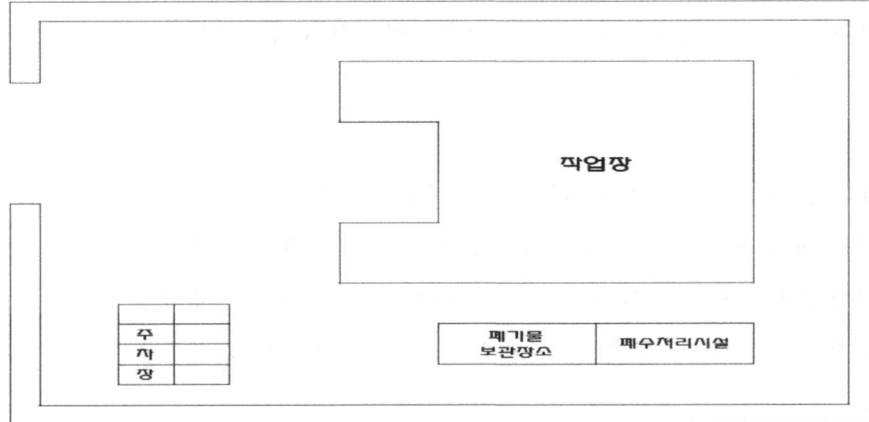

○ 작업장 평면도 예시

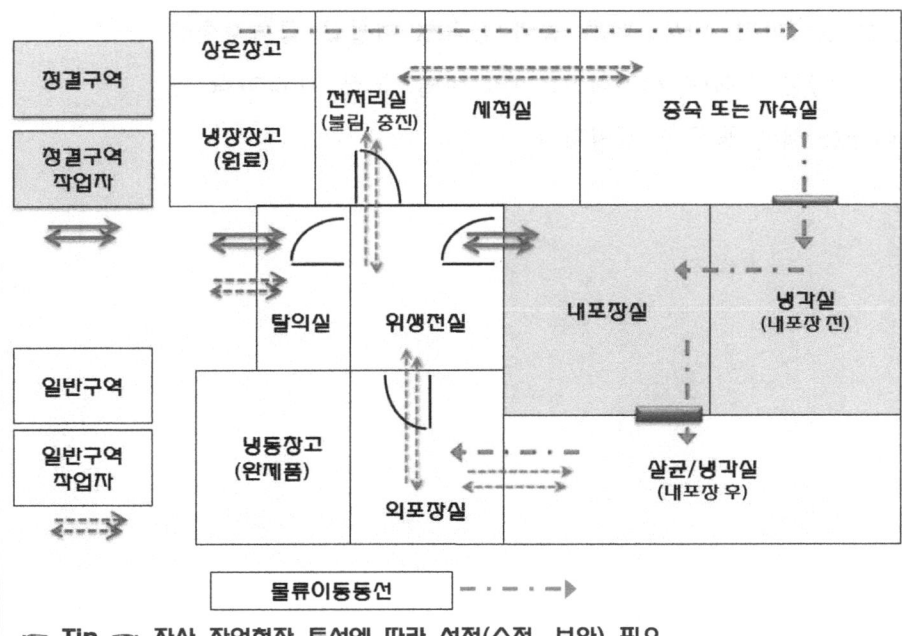

☞ Tip ☜ 자사 작업현장 특성에 따라 설정(수정, 보완) 필요

Tip: 영업신고증과 건축물등록대장의 면적과 동일하게 작성

Tip: 건축물등록대장에 신고된 면적 또는 건축물을 표시

Tip: 청결과 일반구역을 분리하여 종사자와 물류 이동동선을 표시

7.	**HACCP관리기준** **위해요소 분석 및 공정별 관리방법**	제(개)정일자	2015.00.00

○ 본 업소에서 생산하는 순대류에서 발생할 수 있는 위해요소를 분석해 보면 다음과 같다.
- 생물학적 위해요소로는 장출혈성대장균, 리스테리아 모노사이토제니스, 황색포도상구균, 살모넬라 등 식중독균이 있다.
- 화학적 위해요소로는 중금속, 잔류농약 등이 있다.
- 물리적 위해요소로는 금속조각, 비닐, 노끈, 머리카락 등 이물이 있다.

○ 이의 위해요소를 효율적으로 관리하기 위한 방법으로는
- **생물학적 위해요소**인 식중독균은 **살균공정**을 통해 제어할 수 있다.
- **화학적 위해요소**인 중금속, 잔류농약 등을 관리하기 위해서는 원료 입고 시 시험성적서 확인 등을 통해 적합성 여부를 판단하고 관리한다.
- **물리적 위해요소**인 이물 등을 관리하기 위하여 제조공정에서 혼입될 수 있는 금속파편, 나사, 너트 등의 금속성 이물은 **금속검출공정(금속검출기)**을 통하여 제거하고, 기타 비닐, 노끈, 머리카락 등 연질성 이물은 육안 등으로 선별한다.

| 7. | HACCP관리기준
위해요소 분석 및 공정별 관리방법 | 제(개)정일자 | 2015.00.00 |

| ☞ Tip ☜ | 위해요소 분석 작성 방법 |

☐ 위해요소 분석 전
- 원재료 목록 작성 : 복합원재료의 경우 성분명 기재
- 원재료 법적 규격 항목 작성
- HACCP 인증 받은 원료인지 아닌지 구분하여 인증서 및 시험성적서 수령

☐ 위해요소 분석
- 단위위해요소로 도출
  예) B(생물학적), C(화학적), P(물리적)로 구분, B : 황색포도상구균, 살모넬라 등
- 해당식품에 따라 위해요소 항목을 변경

☐ 발생원인
- 유래, 교차오염, 증식, 잔존, 혼입 등을 고려하여 작성
- 발생원인은 예방조치 및 관리방법과 일치하여 작성

☐ 예방조치 및 관리방법
- 발생원인에 따라 관리 가능한 방법을 작성
  협력업체관리, 입고검사, 세척·소독 관리, 종사자 위생 준수 확인, 종사자 교육 등

| ☞ Tip ☜ | 심각성 평가 기준 작성 시 유의점 |

☐ 일반적으로 사용하는 CODEX, FAO, NACMCF 중 하나의 기준을 선택하여 원부재료 및 공정 중 유래할 수 있는 모든 위해요소들에 대한 심각성을 평가한다.

☐ 만일, 도출된 위해요소의 심각성을 CODEX, FAO, NACMCF 기준으로 판단할 수 없는 경우, 서적, 논문 등의 과학적인 근거로 작성된 자료를 참조하여 심각성을 평가하고 그 출처를 반드시 기재하도록 한다.
- 여러 자료에서 심각성이 다른 경우, 심각성이 가장 높게 기술되어 있는 자료에서 인용

| 7. | HACCP관리기준 위해요소 분석 및 공정별 관리방법 | 제(개)정일자 | 2015.00.00 |

[예시] 위해요소 평가 원칙

○ 순대류 심각성 평가 예시
- 원·부재료 및 공정별로 확인된 위해요소를 아래의 심각성 판단기준에 따라 해당 위해요소에 대한 심각성을 평가한다.

위해요소	심각성	위해의 종류 (FAO 규격)
높음	생물학적 (B)	Listeria monocytogenes, Escherichia coli O157:H7, Clostridium botulinum, Salmonella typhi, Vibrio cholerae, Vibrio vulnificus
		장출혈성대장균[1]
	화학적 (C)	paralytic shellfish poisoning, amnestic shellfish poisoning
	물리적 (P)	유리조각, 금속성 이물
보통	생물학적 (B)	Salmonella spp., Brucella spp., Campylobacter spp., Shigella spp., Streptococcus type A, Yersinia enterocolitica, hepatitis A virus
		대장균[2], 대장균군(총대장균군)[4,5], 진균,[5] 분원성대장균군[4,5]
	화학적 (C)	곰팡이독(mycotoxin), 시가테라독, 잔류농약, 중금속(납, 카드뮴, 비소, 수은, 철)
		곰팡이독소(총 아플라톡신, 오크라톡신 A, 데옥시니발레놀, 제랄레논)[1], 타르색소[2], 잔류용제(톨루엔, 프탈레이트 등)[2], 제조 공정 중 생성되는 화학 반응 물질(벤조피렌, 산가 등)[3], 오남용 식품첨가물(리놀렌산, 에루스산 등)[3], 유해물질(페놀 등)[4], 소독제(잔류염소)[4]
	P	경질이물(플라스틱, 돌, 모래 등)
낮음	생물학적 (B)	Bacillus spp., Clostridium perfringens, Staphylococcus aureus, Norwalk virus, 대부분의 기생충
		Bacillus cereus[2],
	화학적 (C)	히스타민과 같은 물질, 식품첨가물
		transitory allergies 등의 증상을 수반하는 화학오염 물질 등[1]
	물리적 (P)	연질이물(머리카락, 비닐, 지푸라기등)

※ FAO 규격 : FAO(1998) 규격
(1) 식품의 기준 및 규격: 식품의약품안전처 고시 제2013-233호, 2013.11.12., 일부 개정
(2) CODEX 규격: CAC(Codex Alimentarius Commission, 국제식품규격위원회) 규격
(3) NACMCF 규격: NACMCF(미국 식품 미생물 기준 자문위원회) 규격
(4) 먹는물 수질기준 및 검사 등에 관한 규칙: 환경부령 제439호, 2011.12.30., 일부 개정
(5) 알기 쉬운 HACCP 관리 및 중소규모업체를 위한 HACCP 적용 지침서, 식품의약품안전처

☞ Tip ☜
기본적인 예시로 사용하는 원료 및 공정에 따라 수정 보완

☞ Tip ☜
관련 자료 출처는 자사에 맞게 첨삭필요

| 7. | **HACCP관리기준**
위해요소 분석 및 공정별 관리방법 | 제(개)정일자 | 2015.00.00 |

[예시] 위해요소 평가 원칙

○ 순대류 발생가능성 평가 예시
 - 원·부재료 및 공정별로 확인된 위해요소의 발생사례, 통계자료, 전문자료 조사 등을 통하여 결정한다.

구분	발생가능성
높음	해당 위해요소가 지속적으로 자주 발생하였거나 가능성이 높음 (3건/월 이상 발생)
보통	해당 위해요소가 빈번하게 발생하였거나 가능성이 있음 (1~2건/월 발생)
낮음	해당 위해요소의 발생 가능성이 거의 없음 (0건/월)

☞ Tip ☜ 발생가능성은 자사 기준으로 수정 가능

○ 순대류 위해 평가도 예시
 - 위해요소 별로 심각성 및 발생가능성 평가 결과를 바탕으로 아래의 표를 이용하여 위해를 평가한다.
 [예시] 국제식품규격위원회

발생 가능성	높음(3)	3	6	9
	보통(2)	2	4	6
	낮음(1)	1	2	3
		낮음(1)	보통(2)	높음(3)
		심각성		

 - 3점 이상에 해당하는 위해요소에 대하여는 중요관리점 결정도에 적용하여 CCP와 CP로 구분한다.

☞ Tip ☜ 해당 식품 원료, 공정 등에서 심각성 높은 위해요소 및 실제 발생되는 위해요소는 CCP 결정도에서 평가

| 7. | **HACCP관리기준** 위해요소 분석 및 공정별 관리방법 | 제(개)정일자 | 2015.00.00 |

[예시] 원부재료 위해요소 분석 및 관리방법

○ 본 업소에서 생산하는 순대류의 주요 원료는 다음과 같다

구 분		원료명	보관방법
주원료	가공품	당면	실온
	축산물	돼지소장(소창)	냉장
부원료	축산물	돈선지, 돈피, …	냉장
	축산물	돈육, 돈지방, …	냉동
	농산물	깻잎, 당근, 마늘, …	냉장
	가공품(분말)	설탕, 정제염, …	실온
	가공품(액상)	정제유, …	실온
용수		상수도	-
포장재		내포장재: 폴리에틸렌(PE), 외포장재: 골판지	실온

☞ Tip ☜
품목제조
보고서
작성된
모든 원료
작성

○ 본 업소에서 사용하는 원료의 구입처는 다음과 같다

원료명	구입처	운반차량	관리항목	보관방법	기타
당면	OO식자재	실온		실온	HACCP인증
돼지소장(소창)	OO축산	냉장		냉장	
돈선지	OO축산	냉장	시험성적서,	냉장	
돈육	OO축산	냉동	육안검사,	냉동	
깻잎	OO식자재	실온	온도검사	냉장	
설탕	OO마트	실온		실온	
정제유	OO마트	실온		실온	
내포장재	OOO	실온		실온	
외포장재	OOO	실온		실온	

☞ Tip ☜
구입처가
동일한
경우
원료명에
함께 기입

○ 실온으로 온송되는 원료는 시험성적서를 확인하거나 육안검사를 통해 관리한다.

○ 냉장/냉동으로 온송되는 원료는 매 입고 시 온송차량의 온도기록지를 확인하거나 탐침온도계를 이용하여 원료의 온도를 측정하며, 육안검사를 통해 관리한다.

○ 시험성적서, 온도 측정, 육안검사 등을 통하여 기준에 적합한 원료만 입고하며, 입고된 원료는 각 보관창고에 이격 관리 및 입고일 표시를 하여 보관한다.

☞ Tip ☜
육안검사
기준은
자사에서
설정하여
운영

☞ **Tip** ☜ 원·부재료 공급업체 관리
○ 자사 원·부재료의 공급은 믿을만한 업체로부터
 - 인·허가 사항, 내역서 확인, 위생적 취급여부, 배송 시 운송시간·온도의 적절성, 차량 위생상태 점검 등 필요
○ 납품업체 변경 시 입고검사 등 관리 철저
 - 성적서 확인 주기 변경 등 검수·검사를 더욱 철저히

7. HACCP관리기준 위해요소 분석 및 공정별 관리방법

제(개)정일자 2015.00.00

[예시] 원부재료 위해요소분석표

원료명	구분	위해요소 명칭	발생원인	심각성	발생가능성	종합평가	예방조치 및 관리방법
당면	B	대장균군	- 원료자체에서 오염 - 협력업체(생산자) 생산관리 및 보관관리 부족으로 교차오염 및 증식 - 협력업체 운반관리(차량 위생, 포장재 파손) 부족으로 교차오염	2	3	6	- 입고검사 기준 준수(원료 및 차량 육안검사 등) - 주기적인 시험성적서 수령 및 확인 - 살균 공정관리 준수
		Staphylococcus aureus		1	1	1	
		Salmonella, spp		2	1	2	
		Bacillus cereus		1	3	3	
		Listeria, monocytogenes		3	1	3	
		장출혈성 대장균		3	1	3	
		Clostridium perfringens		1	1	1	
		진균류(효모, 곰팡이)		1	2	2	
	C	중금속(납, 카드뮴)	- 원료자체에서 오염 - 협력업체 원료관리 부족으로 잔류, 오염 - 협력업체 생산관리 및 보관관리 중 부정 사용으로 혼입	2	1	2	- 입고검사 기준 준수(원료 및 차량 육안검사) - 주기적인 시험성적서 수령 및 확인
		보존료		2	1	2	
		타르색소		2	1	2	
	P	연질이물(머리카락, 실, 벌레)	- 협력업체 생산관리 및 보관관리 중 제조설비 및 작업자 관리 미흡으로 이물혼입 - 협력업체 운반관리(차량 위생 등) 부족으로 인한 혼입	1	2	2	- 입고검사 기준 준수(원료 및 차량 육안검사 등) - 공정 중 이물선별 공정 준수 - 금속검출 공정 준수
		경질이물(돌, 플라스틱)		2	1	2	
		금속조각		3	1	3	
축산물	B	대장균군	- 원료자체에서 오염 - 협력업체(생산자) 생산관리 및 보관관리 부족으로 교차오염 및 증식 - 협력업체 운반관리(차량 위생, 포장재 파손) 부족으로 교차오염 - 협력업체 운반관리(온도관리) 부족으로 증식	2	3	6	- 입고검사 기준 준수(원료 및 차량 육안검사 등) - 주기적인 시험성적서 수령 및 확인(도축검사증명서, HACCP적용 도축장 확인서, 수입신고필증 포함) - 입고 시 차량 온도기록지 확인 및 탐침온도계로 온도 측정 - 살균 공정관리 준수
		Staphylococcus aureus		1	1	1	
		Salmonella, spp		2	1	2	
		Bacillus cereus		1	3	3	
		Listeria, monocytogenes		3	1	3	
		장출혈성 대장균		3	1	3	
		Clostridium perfringens		1	3	3	
		진균류(효모, 곰팡이)		1	3	3	
		기생충		1	1	1	
	C	잔류동물용의약품	- 원료자체에서 오염 - 협력업체 관리부족으로 기준규격 초과 사용에 의한 오염 - 협력업체 생산관리 및 보관관리 부족에 의한 잔류 및 오염	2	1	2	- 입고검사 기준 준수(원료 및 차량 육안검사 등) - 주기적인 시험성적서 수령 및 확인(도축검사증명서, HACCP적용 도축장 확인서, 수입신고필증 포함)
		잔류농약		2	1	2	
		휘발성염기질소		2	1	2	
		보존료		1	1	1	
	P	연질이물(머리카락, 실, 벌레)	- 협력업체 생산관리 및 보관관리 중 제조설비 및 작업자 관리 미흡으로 이물혼입 - 협력업체 운반관리(차량 위생 등) 부족으로 인한 혼입	1	2	2	- 입고검사 기준 준수(원료 및 차량 육안검사 등) - 공정 중 이물선별 공정 준수 - 금속검출 공정 준수
		경질이물(돌, 플라스틱)		2	1	2	
		금속조각		3	1	3	
농산물 또는 농산물 가공품	B	대장균군	- 원료자체에서 오염 - 협력업체(생산자) 생산관리 및 보관관리 부족으로 교차오염 및 증식 - 협력업체 운반관리(차량 위생, 포장재 파손) 부족으로 교차오염 - 협력업체 운반관리(온도관리) 부족으로 증식	2	3	6	- 입고검사 기준 준수(원료 및 차량 육안검사 등) - 주기적인 시험성적서 수령 및 확인 - 입고 시 차량 온도기록지 확인 및 탐침온도계로 온도 측정 - 살균 공정관리 준수
		Staphylococcus aureus		1	1	1	
		Salmonella, spp		2	1	2	
		Bacillus cereus		1	2	2	
		Listeria, monocytogenes		3	1	3	
		장출혈성 대장균		3	1	3	
		Clostridium perfringens		1	1	1	
		진균류(효모, 곰팡이)		1	2	2	
	C	중금속(납, 카드뮴)	- 원료자체에서 오염 - 협력업체 관리부족으로 기준규격 초과 사용에 의한 오염 - 협력업체 생산관리 및 보관관리 부족에 의한 잔류 및 오염	2	1	2	- 입고검사 기준 준수(원료 및 차량 육안검사) - 주기적인 시험성적서 수령 및 확인
		잔류농약		2	1	2	
		타르색소		2	1	2	
	P	연질이물(머리카락, 실, 벌레)	- 협력업체 생산관리 및 보관관리 중 제조설비 및 작업자 관리 미흡으로 이물혼입 - 협력업체 운반관리(차량 위생 등) 부족으로 인한 혼입	1	2	2	- 입고검사 기준 준수(원료 및 차량 육안검사 등) - 공정 중 이물선별 공정 준수 - 금속검출 공정 준수
		경질이물(돌, 플라스틱)		2	1	2	
		금속조각		3	1	3	
가공품 (분말, 액상)	B	대장균군	- 원료자체에서 오염 - 협력업체(생산자) 생산관리 및 보관관리 부족으로 교차오염 및 증식 - 협력업체 운반관리(차량 위생, 포장재 파손) 부족으로 교차오염 - 협력업체 운반관리(온도관리) 부족으로 증식	2	1	2	- 입고검사 기준 준수(원료 및 차량 육안검사 등) - 주기적인 시험성적서 수령 및 확인 - 입고 시 차량 온도기록지 확인 및 탐침온도계로 온도 측정 - 살균 공정관리 준수
		Staphylococcus aureus		1	1	1	
		Salmonella, spp		2	1	2	
		Bacillus cereus		1	2	2	
		Listeria, monocytogenes		3	1	3	
		장출혈성 대장균		3	1	3	
		Clostridium perfringens		1	1	1	
		진균류(효모, 곰팡이)		1	2	2	
	C	중금속(납, 카드뮴)	- 원료자체에서 오염 - 협력업체 관리부족으로 기준규격 초과 사용에 의한 오염 - 협력업체 생산관리 및 보관관리 부족에 의한 잔류 및 오염	2	1	2	- 입고검사 기준 준수(원료 및 차량 육안검사) - 주기적인 시험성적서 수령 및 확인
		잔류농약		2	1	2	
		타르색소		2	1	2	
		허용외 식품첨가물		1	1	1	
	P	연질이물(머리카락, 실, 벌레)	- 협력업체 생산관리 및 보관관리 중 제조설비 및 작업자 관리 미흡으로 이물혼입 - 협력업체 운반관리(차량 위생 등) 부족으로 인한 혼입	1	2	2	- 입고검사 기준 준수(원료 및 차량 육안검사 등) - 공정 중 이물선별 공정 준수 - 금속검출 공정 준수
		경질이물(돌, 플라스틱)		2	1	2	
		금속조각		3	1	3	

| 7. | HACCP관리기준 위해요소 분석 및 공정별 관리방법 | | 제(개)정일자 | 2015.00.00 |

원료명	구분	위해요소		위해평가			예방조치 및 관리방법
		명칭	발생원인	심각성	발생가능성	종합평가	
용수	B	일반세균	- 원수 자체 오염 - 저수탱크 청결상태 불량으로 인한 교차오염 발생	1	1	1	- 상수도 사용 - 주기적으로 저수탱크 청소·소독 관리 - 주기적인 시험성적서 수령 및 확인
		충, 대장균군		2	1	2	
		분원성대장균군/대장균		2	1	2	
	C	중금속(납 등)	- 원수 자체 오염 - 소독제 과다투입으로 인한 잔류	2	1	2	- 주기적으로 저수탱크 청소·소독 관리 - 주기적인 시험성적서 수령 및 확인
		유해물질(페놀 등)		2	1	2	
		소독제(잔류염소 등)		2	1	2	
	P	경질이물	- 저수탱크의 관리 미흡으로 인한 오염	2	1	2	- 주기적으로 저수탱크 청소·소독 관리
포장재 (PE)	B	대장균군	- 원료자체에서 오염 - 협력업체(생산자) 생산관리 및 보관관리 부족으로 교차오염 - 협력업체 운반관리(차량 위생, 포장재 훼손) 부족으로 교차오염	2	1	2	- 입고검사 기준 준수(원료 및 차량 육안검사 등) - 주기적인 시험성적서 수령 및 확인
		Staphylococcus aureus		1	1	1	
	C	납	- 원료자체에서 오염 - 협력업체 관리부족으로 기준규격 초과 사용에 의한 오염 - 협력업체 생산관리 및 보관관리 부족에 의한 잔류 및 오염	2	1	2	- 입고검사 기준 준수(원료 및 차량 육안검사 등) - 주기적인 시험성적서 수령 및 확인(도축검사증명서, HACCP적용 도축장 확인서, 수입신고필증 포함)
		카드뮴		2	1	2	
		수은		2	1	2	
		증발잔류량		2	1	2	
		과망간산칼륨		2	1	2	
		6가크롬		2	1	2	
		1-헥센		2	1	2	
		1-옥텐		2	1	2	
		잔류용제(톨루엔)		2	1	2	
	P	연질이물(머리카락, 실, 벌레)	- 협력업체 생산관리 및 보관관리 중 제조설비 및 작업자 관리 미흡으로 이물혼입 - 협력업체 운반관리(차량 위생 등) 부족으로 인한 혼입	1	2	2	- 입고검사 기준 준수(원료 및 차량 육안검사 등)
		경질이물(돌, 플라스틱)		2	1	2	

☞ **Tip** ☜ 원료의 특성에 따라 수정, 보완 필요

☞ **Tip** ☜ 가공품 중 화학적 위해요소 추가 항목
○ 찐찹쌀 : 아플라톡신(2점), 이산화황(2점)
○ 들깨가루 : 아플라톡신(2점)
○ 참기름 : 벤조피렌(2점), 에루스산(2점)
○ 정제염 : 납(2점), 비소(2점), 페로시안화이온(2점)
○ 백설탕 : 이산화황(2점), 인공감미료(1점)
○ L-글루타민산나트륨, 전분 : 이산화황(2점)
○ 기타 …

| | | HACCP관리기준
위해요소 분석 및 공정별 관리방법 | | 제(개)정일자 | 2015.00.00 |

[예시] 공정별 위해요소분석표

공정명	구분	위해요소		위해평가			예방조치 및 관리방법
		명칭	발생원인	심각성	발생가능성	종합평가	
입고/보관	B	대장균군	- 입고실, 보관실, 운반차량 온도관리 미흡 및 작업대기(실온)로 인한 증식 - 작업환경, 제조설비 및 기구용기 등 세척소독 관리 미흡으로 교차오염 - 작업자 위생 불량 및 위생교육 부족으로 교차오염	2	3	6	- 입고실, 보관실, 운반차량 온도관리 준수 - 작업 대기 시간 최소화 - 작업환경, 제조설비 및 기구용기 등 및 세척소독 관리 - 작업자 위생 교육 실시 및 준수 여부 확인 - 살균 공정관리 준수
		Staphylococcus aureus		1	1	1	
		Salmonella, spp		2	1	2	
		Bacillus cereus		1	3	3	
		Listeria, monocytogenes		3	1	3	
		장출혈성 대장균		3	1	3	
		Clostridium perfringens		1	3	3	
		진균류 (효모, 곰팡이)		1	3	3	
		기생충		1	1	1	
	P	연질이물(머리카락, 실, 벌레)	- 작업환경 관리(작업실, 방충/방서 등), 제조설비 및 기구용기 등 관리 미흡으로 이물혼입 - 작업자 위생 불량 및 위생교육 부족으로 이물혼입	1	2	2	- 작업환경, 제조설비 및 기구용기 등 위생관리 - 작업자 위생 교육 실시 및 준수 여부 확인 - 방충/방서 관리 준수 - 이물선별 및 금속검출 공정에서 제어
		경질이물(돌, 플라스틱)		2	1	2	
		금속조각		3	1	3	
해동	B	대장균군	- 해동구역 온도관리 미흡으로 증식 - 작업환경, 제조설비 및 기구용기 등 세척소독 관리 미흡으로 교차오염 - 작업자 위생 불량 및 위생교육 부족으로 교차오염	2	3	6	- 해동구역 온도관리 준수 - 작업환경, 제조설비 및 기구용기 등 및 세척소독 관리 - 작업자 위생 교육 실시 및 준수 여부 확인 - 살균 공정관리 준수
		Staphylococcus aureus		1	1	1	
		Salmonella, spp		2	1	2	
		Bacillus cereus		1	3	3	
		Listeria, monocytogenes		3	1	3	
		장출혈성 대장균		3	1	3	
		Clostridium perfringens		1	3	3	
		진균류 (효모, 곰팡이)		1	3	3	
		기생충		1	1	1	
	P	연질이물(머리카락, 실, 벌레)	- 해동실 관리(방충/방서 등), 제조설비 및 기구용기 등 관리 미흡으로 이물혼입 - 작업자 위생 불량 및 위생교육 부족으로 이물혼입	1	2	2	- 작업환경, 제조설비 및 기구용기 등 위생관리 - 작업자 위생 교육 실시 및 준수 여부 확인 - 방충/방서 관리 준수 - 금속검출 공정에서 제어
		경질이물(돌, 플라스틱)		2	1	2	
		금속조각		3	1	3	
불림	B	대장균군	- 전처리실 온도관리 미흡으로 증식 - 불림 공정 미준수로 잔존 및 증식 - 작업환경, 제조설비 및 기구용기 등 세척소독 관리 미흡으로 교차오염 - 작업자 위생 불량 및 위생교육 부족으로 교차오염	2	3	6	- 전처리실 온도관리 및 불림공정 준수 - 작업환경, 제조설비 및 기구용기 등 및 세척소독 관리 - 작업자 위생 교육 실시 및 준수 여부 확인 - 살균 공정관리 준수
		Staphylococcus aureus		1	1	1	
		Salmonella, spp		2	1	2	
		Bacillus cereus		1	3	3	
		Listeria, monocytogenes		3	1	3	
		장출혈성 대장균		3	1	3	
		Clostridium perfringens		1	1	1	
		진균류 (효모, 곰팡이)		1	2	2	
	P	연질이물(머리카락, 실, 벌레)	- 전처리실 관리(방충/방서 등), 제조설비 및 기구용기 등 관리 미흡으로 이물혼입 - 작업자 위생 불량 및 위생교육 부족으로 이물혼입	1	2	2	- 전처리실, 제조설비 및 기구용기 등 위생관리 - 작업자 위생 교육 실시 및 준수 여부 확인 - 방충/방서 관리 준수 - 금속검출 공정에서 제어
		경질이물(돌, 플라스틱)		2	1	2	
		금속조각		3	1	3	
데침 또는 세척	B	대장균군	- 세척실 온도관리 미흡으로 증식 - 세척 공정 미준수로 잔존 및 증식 - 작업환경, 제조설비 및 기구용기 등 세척소독 관리 미흡으로 교차오염 - 작업자 위생 불량 및 위생교육 부족으로 교차오염	2	3	6	- 세척실 온도관리 및 세척공정 관리 준수 - 작업환경, 제조설비 및 기구용기 등 및 세척소독 관리 - 작업자 위생 교육 실시 및 준수 여부 확인 - 살균 공정관리 준수
		Staphylococcus aureus		1	1	1	
		Salmonella, spp		2	1	2	
		Bacillus cereus		1	3	3	
		Listeria, monocytogenes		3	1	3	
		장출혈성 대장균		3	1	3	
		Clostridium perfringens		1	1	1	
		진균류 (효모, 곰팡이)		1	2	2	
	P	연질이물(머리카락, 실, 벌레)	- 세척실 관리(방충/방서 등), 제조설비 및 기구용기 등 관리 미흡으로 이물혼입 - 작업자 위생 불량 및 위생교육 부족으로 이물혼입	1	2	2	- 세척실, 제조설비 및 기구용기 등 위생관리 - 작업자 위생 교육 실시 및 준수 여부 확인 - 방충/방서 관리 준수 - 금속검출 공정에서 제어
		경질이물(돌, 플라스틱)		2	1	2	
		금속조각		3	1	3	
세척 (농산물)/ 계량	B	대장균군	- 전처리실 온도관리 미흡으로 증식 - 세척 공정 미준수로 잔존 및 증식 - 작업환경, 제조설비 및 기구용기 등 세척소독 관리 미흡으로 교차오염 - 작업자 위생 불량 및 위생교육 부족으로 교차오염	2	3	6	- 전처리실 온도관리 및 세척공정 관리 준수 - 작업환경, 제조설비 및 기구용기 등 및 세척소독 관리 - 작업자 위생 교육 실시 및 준수 여부 확인 - 살균 공정관리 준수
		Staphylococcus aureus		1	1	1	
		Salmonella, spp		2	1	2	
		Bacillus cereus		1	2	2	
		Listeria, monocytogenes		3	1	3	
		장출혈성 대장균		3	1	3	
		Clostridium perfringens		1	1	1	
		진균류 (효모, 곰팡이)		1	2	2	
	P	연질이물(머리카락, 실, 벌레)	- 전처리실 관리(방충/방서 등), 제조설비 및 기구용기 등 관리 미흡으로 이물혼입 - 작업자 위생 불량 및 위생교육 부족으로 이물혼입	1	2	2	- 전처리실, 제조설비 및 기구용기 등 위생관리 - 작업자 위생 교육 실시 및 준수 여부 확인 - 방충/방서 관리 준수 - 금속검출 공정에서 제어
		경질이물(돌, 플라스틱)		2	1	2	
		금속조각		3	1	3	

7. HACCP관리기준 위해요소 분석 및 공정별 관리방법

제(개)정일자	2015.00.00

공정명	구분	위해요소 명칭	위해요소 발생원인	위해평가 심각성	위해평가 발생가능성	위해평가 종합평가	예방조치 및 관리방법
세척 (돈소장)	B	대장균군	- 전처리실 온도관리 미흡으로 증식 - 세척 공정 미준수로 잔존 및 증식 - 작업환경, 제조/설비 및 기구용기 등 세척소독 관리 미흡으로 교차오염 - 작업자 위생 불량 및 위생교육 부족 으로 교차오염	2	3	6	- 전처리실 온도관리 및 세척공정 관리 준수 - 작업환경, 제조/설비 및 기구용기 등 및 세척소독 관리 - 작업자 위생 교육 실시 및 준수 여부 확인 - 살균 공정관리 준수
		Staphylococcus aureus		1	1	1	
		Salmonella, spp		2	1	2	
		Bacillus cereus		1	3	3	
		Listeria, monocytogenes		3	1	3	
		장출혈성 대장균		3	1	3	
		Clostridium perfringens		1	3	3	
		진균류 (효모, 곰팡이)		1	3	3	
		기생충		1	1	1	
	P	연질이물(머리카락, 실, 벌레)	- 전처리실 관리(방충/방서 등), 제조설비 및 기구용기 등 관리 미흡으로 이물혼입 - 작업자 위생 불량 및 위생교육 부족 으로 이물혼입	1	2	2	- 전처리실, 제조설비 및 기구용기 등 위생관리 - 작업자 위생 교육 실시 및 준수 여부 확인 - 방충/방서 관리 준수 - 금속검출 공정에서 제어
		경질이물(돌, 플라스틱)		2	1	2	
		금속조각		3	1	3	
가열 (돈지, 돈육)/ 계량	B	대장균군	- 전처리실 온도관리 미흡으로 증식 - 가열 공정 미준수로 잔존 - 작업환경, 제조/설비 및 기구용기 등 세척소독 관리 미흡으로 교차오염 - 작업자 위생 불량 및 위생교육 부족 으로 교차오염	2	3	6	- 전처리실 온도관리 및 가열공정 관리 준수 - 작업환경, 제조/설비 및 기구용기 등 및 세척소독 관리 - 작업자 위생 교육 실시 및 준수 여부 확인 - 살균 공정관리 준수
		Staphylococcus aureus		1	1	1	
		Salmonella, spp		2	1	2	
		Bacillus cereus		1	3	3	
		Listeria, monocytogenes		3	1	3	
		장출혈성 대장균		3	1	3	
		Clostridium perfringens		1	3	3	
		진균류 (효모, 곰팡이)		1	3	3	
		기생충		1	1	1	
	P	연질이물(머리카락, 실, 벌레)	- 전처리실 관리(방충/방서 등), 제조설비 및 기구용기 등 관리 미흡으로 이물혼입 - 작업자 위생 불량 및 위생교육 부족 으로 이물혼입	1	1	1	- 전처리실, 제조설비 및 기구용기 등 위생관리 - 작업자 위생 교육 실시 및 준수 여부 확인 - 방충/방서 관리 준수 - 금속검출 공정에서 제어
		경질이물(돌, 플라스틱)		2	1	2	
		금속조각		3	1	3	
절단/선별 /계량	B	대장균군	- 세척실 온도관리 미흡으로 증식 - 절단/선별 공정 미준수로 증식 - 작업환경, 제조/설비 및 기구용기 등 세척소독 관리 미흡으로 교차오염 - 작업자 위생 불량 및 위생교육 부족 으로 교차오염	2	3	6	- 세척실 온도관리 및 절단/선별 공정 관리 준수 - 작업환경, 제조/설비 및 기구용기 등 및 세척소독 관리 - 작업자 위생 교육 실시 및 준수 여부 확인 - 살균 공정관리 준수
		Staphylococcus aureus		1	1	1	
		Salmonella, spp		2	1	2	
		Bacillus cereus		1	3	3	
		Listeria, monocytogenes		3	1	3	
		장출혈성 대장균		3	1	3	
		Clostridium perfringens		1	1	1	
		진균류 (효모, 곰팡이)		1	2	2	
	P	연질이물(머리카락, 실, 벌레)	- 세척실 관리(방충/방서 등), 제조설비 및 기구용기 등 관리 미흡으로 이물혼입 - 작업자 위생 불량 및 위생교육 부족 으로 이물혼입	1	1	1	- 세척실, 제조설비 및 기구용기 등 위생관리 - 작업자 위생 교육 실시 및 준수 여부 확인 - 방충/방서 관리 준수 - 금속검출 공정에서 제어
		경질이물(돌, 플라스틱)		2	1	2	
		금속조각		3	1	3	
배합	B	대장균군	- 배합실 온도관리 미흡으로 증식 - 배합공정 미준수로 증식 - 작업환경, 제조/설비 및 기구용기 등 세척소독 관리 미흡으로 교차오염 - 작업자 위생 불량 및 위생교육 부족 으로 교차오염	2	3	6	- 배합실 온도관리 및 배합 공정 관리 준수 - 작업환경, 제조/설비 및 기구용기 등 및 세척소독 관리 - 작업자 위생 교육 실시 및 준수 여부 확인 - 살균 공정관리 준수
		Staphylococcus aureus		1	1	1	
		Salmonella, spp		2	1	2	
		Bacillus cereus		1	3	3	
		Listeria, monocytogenes		3	1	3	
		장출혈성 대장균		3	1	3	
		Clostridium perfringens		1	3	3	
		진균류 (효모, 곰팡이)		1	3	3	
		기생충		1	1	1	
	P	연질이물(머리카락, 실, 벌레)	- 배합실 관리(방충/방서 등), 제조설비 및 기구용기 등 관리 미흡으로 이물혼입 - 작업자 위생 불량 및 위생교육 부족 으로 이물혼입	1	1	1	- 배합실, 제조설비 및 기구용기 등 위생관리 - 작업자 위생 교육 실시 및 준수 여부 확인 - 방충/방서 관리 준수 - 금속검출 공정에서 제어
		경질이물(돌, 플라스틱)		2	1	2	
		금속조각		3	1	3	
충진	B	대장균군	- 충진실 온도관리 미흡으로 증식 - 충진공정 미준수로 증식 - 작업환경, 제조/설비 및 기구용기 등 세척소독 관리 미흡으로 교차오염 - 작업자 위생 불량 및 위생교육 부족 으로 교차오염	2	3	6	- 충진실 온도관리 및 충진 공정 관리 준수 - 작업환경, 제조/설비 및 기구용기 등 및 세척소독 관리 - 작업자 위생 교육 실시 및 준수 여부 확인 - 살균 공정관리 준수
		Staphylococcus aureus		1	1	1	
		Salmonella, spp		2	1	2	
		Bacillus cereus		1	3	3	
		Listeria, monocytogenes		3	1	3	
		장출혈성 대장균		3	1	3	
		Clostridium perfringens		1	3	3	
		진균류 (효모, 곰팡이)		1	3	3	
		기생충		1	1	1	
	P	연질이물(머리카락, 실, 벌레)	- 충진실 관리(방충/방서 등), 제조설비 및 기구용기 등 관리 미흡으로 이물혼입 - 작업자 위생 불량 및 위생교육 부족 으로 이물혼입	1	1	1	- 충진실, 제조설비 및 기구용기 등 위생관리 - 작업자 위생 교육 실시 및 준수 여부 확인 - 방충/방서 관리 준수 - 금속검출 공정에서 제어
		경질이물(돌, 플라스틱)		2	1	2	
		금속조각		3	1	3	

7. HACCP관리기준 - 위해요소 분석 및 공정별 관리방법

제(개)정일자: 2015.00.00

공정명	구분	위해요소 명칭	위해요소 발생원인	위해평가 심각성	위해평가 발생가능성	위해평가 종합평가	예방조치 및 관리방법
증숙	B	대장균군	- 증숙공정 미준수로 잔존 - 작업환경, 제조설비 및 기구용기 등 세척소독 관리 미흡으로 교차오염 - 작업자 위생 불량 및 위생교육 부족으로 교차오염	2	3	6	- 증숙 공정 관리 준수 - 작업환경, 제조설비 및 기구용기 등 및 세척소독 관리 - 작업자 위생 교육 실시 및 준수 여부 확인 - 살균 공정관리 준수
		Staphylococcus aureus		1	1	1	
		Salmonella. spp		2	1	2	
		Bacillus cereus		1	3	3	
		Listeria. monocytogenes		3	1	3	
		장출혈성 대장균		3	1	3	
		Clostridium perfringens		1	3	3	
		진균류 (효모, 곰팡이)		1	3	3	
		기생충		1	1	1	
	P	연질이물(머리카락, 실, 벌레)	- 증숙실 관리(방충/방서 등), 제조설비 및 기구용기 등 관리 미흡으로 이물혼입 - 작업자 위생 불량 및 위생교육 부족으로 이물혼입	1	1	1	- 증숙실, 제조설비 및 기구용기 등 위생관리 - 작업자 위생 교육 실시 및 준수 여부 확인 - 방충/방서 관리 준수 - 금속검출 공정에서 제어
		경질이물(돌, 플라스틱)		2	1	2	
		금속조각		3	1	3	
냉각	B	대장균군	- 냉각공정 미준수로 증식 - 작업환경, 제조설비 및 기구용기 등 세척소독 관리 미흡으로 교차오염 - 작업자 위생 불량 및 위생교육 부족으로 교차오염	2	3	6	- 냉각 공정 관리 준수 - 작업환경, 제조설비 및 기구용기 등 및 세척소독 관리 - 작업자 위생 교육 실시 및 준수 여부 확인 - 살균 공정관리 준수
		Staphylococcus aureus		1	1	1	
		Salmonella. spp		2	1	2	
		Bacillus cereus		1	3	3	
		Listeria. monocytogenes		3	1	3	
		장출혈성 대장균		3	1	3	
		Clostridium perfringens		1	3	3	
		진균류 (효모, 곰팡이)		1	3	3	
		기생충		1	1	1	
	P	연질이물(머리카락, 실, 벌레)	- 냉각실 관리(방충/방서 등), 제조설비 및 기구용기 등 관리 미흡으로 이물혼입 - 작업자 위생 불량 및 위생교육 부족으로 이물혼입	1	1	1	- 냉각실, 제조설비 및 기구용기 등 위생관리 - 작업자 위생 교육 실시 및 준수 여부 확인 - 방충/방서 관리 준수 - 금속검출 공정에서 제어
		경질이물(돌, 플라스틱)		2	1	2	
		금속조각		3	1	3	
내포장	B	대장균군	- 내포장실 온도관리 미흡으로 증식 - 내포장 공정 미준수로 증식 - 작업환경, 제조설비 및 기구용기 등 세척소독 관리 미흡으로 교차오염 - 작업자 위생 불량 및 위생교육 부족으로 교차오염	2	3	6	- 내포장실 온도관리 및 내포장 공정 관리 준수 - 작업환경, 제조설비 및 기구용기 등 및 세척소독 관리 - 작업자 위생 교육 실시 및 준수 여부 확인 - 살균 공정관리 준수
		Staphylococcus aureus		1	1	1	
		Salmonella. spp		2	1	2	
		Bacillus cereus		1	3	3	
		Listeria. monocytogenes		3	1	3	
		장출혈성 대장균		3	1	3	
		Clostridium perfringens		1	3	3	
		진균류 (효모, 곰팡이)		1	3	3	
		기생충		1	1	1	
	P	연질이물(머리카락, 실, 벌레)	- 내포장실 관리(방충/방서 등), 제조설비 및 기구용기 등 관리 미흡으로 이물혼입 - 작업자 위생 불량 및 위생교육 부족으로 이물혼입	1	2	2	- 내포장실, 제조설비 및 기구용기 등 위생관리 - 작업자 위생 교육 실시 및 준수 여부 확인 - 방충/방서 관리 준수 - 금속검출 공정에서 제어
		경질이물(돌, 플라스틱)		2	1	2	
		금속조각		3	1	3	
금속검출	B	대장균군	- 내포장실 온도관리 미흡으로 증식 - 작업환경, 제조설비 및 기구용기 등 세척소독 관리 미흡으로 교차오염 - 작업자 위생 불량 및 위생교육 부족으로 교차오염	2	3	6	- 내포장실 온도관리 준수 - 작업환경, 제조설비 및 기구용기 등 및 세척소독 관리 - 작업자 위생 교육 실시 및 준수 여부 확인 - 살균 공정관리 준수
		Staphylococcus aureus		1	1	1	
		Salmonella. spp		2	1	2	
		Bacillus cereus		1	3	3	
		Listeria. monocytogenes		3	1	3	
		장출혈성 대장균		3	1	3	
		Clostridium perfringens		1	3	3	
		진균류 (효모, 곰팡이)		1	3	3	
		기생충		1	1	1	
	P	연질이물(머리카락, 실, 벌레)	- 내포장실 관리(방충/방서 등), 제조설비 및 기구용기 등 관리 미흡으로 이물혼입 - 작업자 위생 불량 및 위생교육 부족으로 이물혼입	1	2	2	- 내포장실, 제조설비 및 기구용기 등 위생관리 - 작업자 위생 교육 실시 및 준수 여부 확인 - 방충/방서 관리 준수 - 금속검출 공정에서 제어
		경질이물(돌, 플라스틱)		2	1	2	
		금속조각		3	1	3	
살균	B	대장균군	- 살균 공정 미준수로 잔존 - 작업환경, 제조설비 및 기구용기 등 세척소독 관리 미흡으로 교차오염 - 작업자 위생 불량 및 위생교육 부족으로 교차오염	2	3	6	- 살균 공정관리 준수 - 작업환경, 제조설비 및 기구용기 등 및 세척소독 관리 - 작업자 위생 교육 실시 및 준수 여부 확인
		Staphylococcus aureus		1	1	1	
		Salmonella. spp		2	1	2	
		Bacillus cereus		1	3	3	
		Listeria. monocytogenes		3	1	3	
		장출혈성 대장균		3	1	3	
		Clostridium perfringens		1	3	3	
		진균류 (효모, 곰팡이)		1	3	3	
		기생충		1	1	1	
냉각		대장균군	- 냉각 공정 미준수로 증식	2	1	2	- 냉각 공정 준수
		Staphylococcus aureus		1	1	1	
외포장		대장균군	- 작업대기 지연으로 증식	2	1	2	- 외포장 공정 준수
		Staphylococcus aureus		1	1	1	
냉장/냉동 보관		대장균군	- 냉장/냉동 창고 온도관리 미흡으로 증식	2	1	2	- 냉장/냉동 창고 온도관리 준수
		Staphylococcus aureus		1	1	1	
출하		대장균군	- 냉장/냉동 차량 온도관리 미흡으로 증식	2	1	2	- 운반관리 준수
		Staphylococcus aureus		1	1	1	

☞ **Tip** ☜ 자사 공정 특성에 따라 수정, 보완 필요

| 8. | **HACCP관리기준**
중요관리점(CCP) 결정 | 제(개)정일자 | 2015.00.00 |

CCP결정도

○ 중요관리점이란 위해요소분석에서 파악된 위해요소를 예방, 제거 또는 허용 가능한 수준까지 감소시킬 수 있는 최종 단계 또는 공정을 말한다.

○ 중요관리점(CCP)결정도를 이용하여 위해요소 분석에 의한 위해평가 결과 중요위해(3점 이상)으로 선정된 위해요소에 대하여 적용한다.

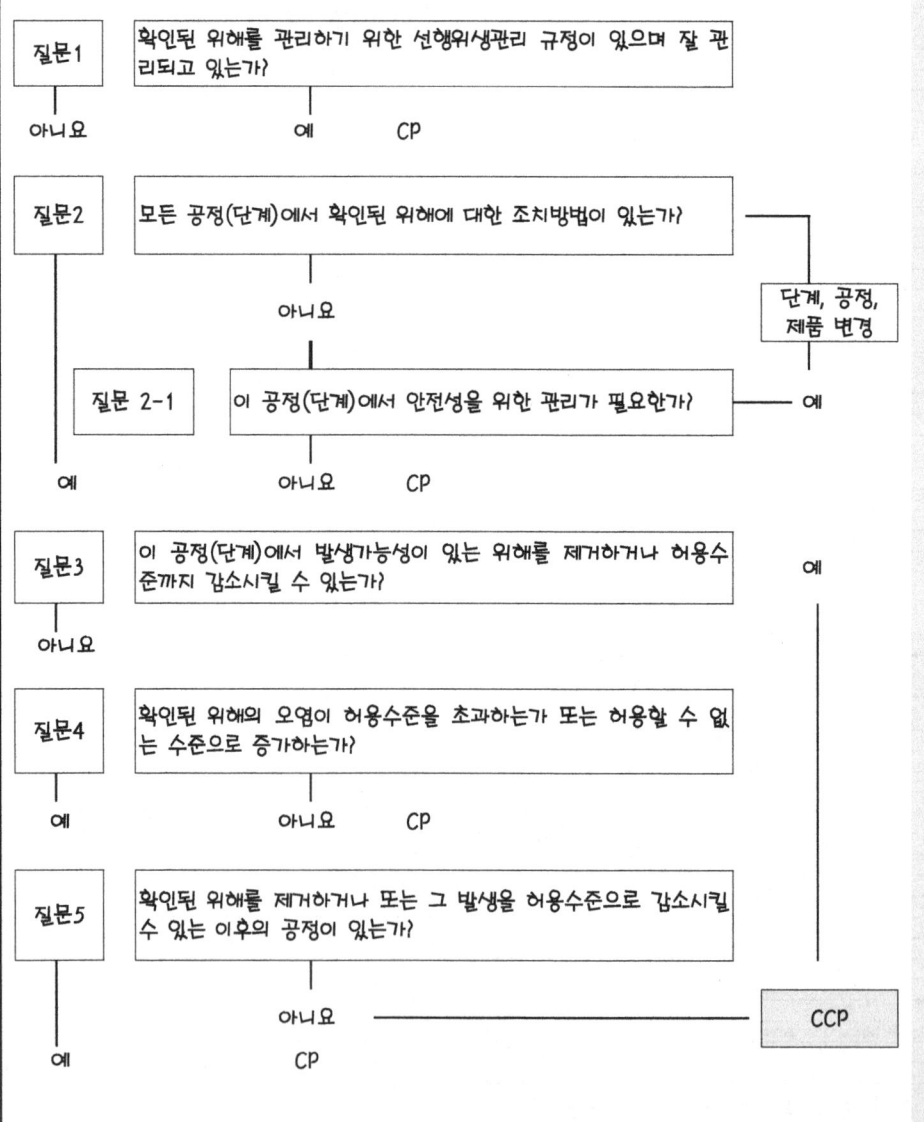

☞ Tip ☜
CCP결정도를 이용하여 자사 CCP 선정

| 8. | HACCP관리기준 중요관리점(CCP) 결정 | | 제(개)정일자 | 2015.00.00 |

[예시] CCP 결정도

☞ Tip ☜ 위해평가 3점 이상 적용

공정명	구분	위해요소	질문1 Y:CP임 N:질문2	질문2 Y:질문3 N:질문2-1	질문2-1 Y:공정,제품 변경→질문2 N:CP임	질문3 Y:CCP임 N:질문4	질문4 Y:질문5 N:CP임	질문5 Y:CP임 N:CCP임	중요 관리점 결정
입고/보관	B	대장균군	No	Yes		No	Yes	Yes (살균공정)	CP
		Staphylococcus aureus	No	Yes		No	Yes	Yes (살균공정)	CP
		Bacillus cereus	No	Yes		No	Yes	Yes (살균공정)	CP
		Listeria monocytogenes	No	Yes		No	Yes	Yes (살균공정)	CP
		장출혈성대장균	No	Yes		No	Yes	Yes (살균공정)	CP
		Clostridium perfringens	No	Yes		No	Yes	Yes (살균공정)	CP
		진균류	No	Yes		No	Yes	Yes (살균공정)	CP
	P	금속이물	No	Yes		No	Yes	Yes (금속검출)	CP
해동	B	대장균군	No	Yes		No	Yes	Yes (살균공정)	CP
		Bacillus cereus	No	Yes		No	Yes	Yes (살균공정)	CP
		Listeria monocytogenes	No	Yes		No	Yes	Yes (살균공정)	CP
		장출혈성대장균	No	Yes		No	Yes	Yes (살균공정)	CP
		Clostridium perfringens	No	Yes		No	Yes	Yes (살균공정)	CP
		진균류	No	Yes		No	Yes	Yes (살균공정)	CP
	P	금속이물	No	Yes		No	Yes	Yes (금속검출)	CP
불림	B	대장균군	No	Yes		No	Yes	Yes (살균공정)	CP
		Bacillus cereus	No	Yes		No	Yes	Yes (살균공정)	CP
		Listeria monocytogenes	No	Yes		No	Yes	Yes (살균공정)	CP
		장출혈성대장균	No	Yes		No	Yes	Yes (살균공정)	CP
	P	금속이물	No	Yes		No	Yes	Yes (금속검출)	CP
데침 또는 세척	B	대장균군	No	Yes		No	Yes	Yes (살균공정)	CP
		Bacillus cereus	No	Yes		No	Yes	Yes (살균공정)	CP
		Listeria monocytogenes	No	Yes		No	Yes	Yes (살균공정)	CP
		장출혈성대장균	No	Yes		No	Yes	Yes (살균공정)	CP
	P	금속이물	No	Yes		No	Yes	Yes (금속검출)	CP
세척 (농산물/계량)	B	대장균군	No	Yes		No	Yes	Yes (살균공정)	CP
		Listeria monocytogenes	No	Yes		No	Yes	Yes (살균공정)	CP
		장출혈성대장균	No	Yes		No	Yes	Yes (살균공정)	CP
	P	금속이물	No	Yes		No	Yes	Yes (금속검출)	CP
세척 (돈소창)	B	대장균군	No	Yes		No	Yes	Yes (살균공정)	CP
		Bacillus cereus	No	Yes		No	Yes	Yes (살균공정)	CP
		Listeria monocytogenes	No	Yes		No	Yes	Yes (살균공정)	CP
		장출혈성대장균	No	Yes		No	Yes	Yes (살균공정)	CP
		Clostridium perfringens	No	Yes		No	Yes	Yes (살균공정)	CP
		진균류	No	Yes		No	Yes	Yes (살균공정)	CP
	P	금속이물	No	Yes		No	Yes	Yes (금속검출)	CP

8. HACCP관리기준 중요관리점(CCP) 결정

제(개)정일자: 2015.00.00

공정명	구분	위해요소	질문1 Y:CP임 N:질문2	질문2 Y:질문3 N:질문2-1	질문2-1 Y:공정,제품 변경→질문2 N:CP임	질문3 Y:CCP임 N:질문4	질문4 Y:질문5 N:CCP임	질문5 Y:CP임 N:CCP임	중요관리점 결정
가열(돈지,돈육)/계량	B	대장균군	No	Yes		No	Yes	Yes (살균공정)	CP
		Bacillus cereus	No	Yes		No	Yes	Yes (살균공정)	CP
		Listeria monocytogenes	No	Yes		No	Yes	Yes (살균공정)	CP
		장출혈성대장균	No	Yes		No	Yes	Yes (살균공정)	CP
		Clostridium perfringens	No	Yes		No	Yes	Yes (살균공정)	CP
		진균류	No	Yes		No	Yes	Yes (살균공정)	CP
	P	금속이물	No	Yes		No	Yes	Yes (금속검출)	CP
절단/선별/계량	B	대장균군	No	Yes		No	Yes	Yes (살균공정)	CP
		Bacillus cereus	No	Yes		No	Yes	Yes (살균공정)	CP
		Listeria monocytogenes	No	Yes		No	Yes	Yes (살균공정)	CP
		장출혈성대장균	No	Yes		No	Yes	Yes (살균공정)	CP
	P	금속이물	No	Yes		No	Yes	Yes (금속검출)	CP
배합	B	대장균군	No	Yes		No	Yes	Yes (살균공정)	CP
		Staphylococcus aureus	No	Yes		No	Yes	Yes (살균공정)	CP
		Bacillus cereus	No	Yes		No	Yes	Yes (살균공정)	CP
		Listeria monocytogenes	No	Yes		No	Yes	Yes (살균공정)	CP
		장출혈성대장균	No	Yes		No	Yes	Yes (살균공정)	CP
		Clostridium perfringens	No	Yes		No	Yes	Yes (살균공정)	CP
		진균류	No	Yes		No	Yes	Yes (살균공정)	CP
	P	금속이물	No	Yes		No	Yes	Yes (금속검출)	CP
충진	B	대장균군	No	Yes		No	Yes	Yes (살균공정)	CP
		Staphylococcus aureus	No	Yes		No	Yes	Yes (살균공정)	CP
		Bacillus cereus	No	Yes		No	Yes	Yes (살균공정)	CP
		Listeria monocytogenes	No	Yes		No	Yes	Yes (살균공정)	CP
		장출혈성대장균	No	Yes		No	Yes	Yes (살균공정)	CP
		Clostridium perfringens	No	Yes		No	Yes	Yes (살균공정)	CP
		진균류	No	Yes		No	Yes	Yes (살균공정)	CP
	P	금속이물	No	Yes		No	Yes	Yes (금속검출)	CP
성형/자숙	B	대장균군	No	Yes		No	Yes	Yes (살균공정)	CP
		Staphylococcus aureus	No	Yes		No	Yes	Yes (살균공정)	CP
		Bacillus cereus	No	Yes		No	Yes	Yes (살균공정)	CP
		Listeria monocytogenes	No	Yes		No	Yes	Yes (살균공정)	CP
		장출혈성대장균	No	Yes		No	Yes	Yes (살균공정)	CP
		Clostridium perfringens	No	Yes		No	Yes	Yes (살균공정)	CP
		진균류	No	Yes		No	Yes	Yes (살균공정)	CP
	P	금속이물	No	Yes		No	Yes	Yes (금속검출)	CP

☞ Tip ☜
위해평가 3점 이상 적용

8. HACCP관리기준 중요관리점(CCP) 결정

제(개)정일자: 2015.00.00

공정명	구분	위해요소	질문1 Y:CP임 N:질문2	질문2 Y:질문3 N:질문2-1	질문2-1 Y:공정 제품 변경→질문2 N:CP임	질문3 Y:CCP임 N:질문4	질문4 Y:질문5 N:CCP임	질문5 Y:CP임 N:CCP임	중요 관리점 결정
냉각	B	대장균군	No	Yes		No	Yes	Yes (살균공정)	CP
		Staphylococcus aureus	No	Yes		No	Yes	Yes (살균공정)	CP
		Bacillus cereus	No	Yes		No	Yes	Yes (살균공정)	CP
		Listeria monocytogenes	No	Yes		No	Yes	Yes (살균공정)	CP
		장출혈성대장균	No	Yes		No	Yes	Yes (살균공정)	CP
		Clostridium perfringens	No	Yes		No	Yes	Yes (살균공정)	CP
		진균류	No	Yes		No	Yes	Yes (살균공정)	CP
	P	금속이물	No	Yes		No	Yes	Yes (금속검출)	CP
내포장	B	대장균군	No	Yes		No	Yes	Yes (살균공정)	CP
		Staphylococcus aureus	No	Yes		No	Yes	Yes (살균공정)	CP
		Bacillus cereus	No	Yes		No	Yes	Yes (살균공정)	CP
		Listeria monocytogenes	No	Yes		No	Yes	Yes (살균공정)	CP
		장출혈성대장균	No	Yes		No	Yes	Yes (살균공정)	CP
		Clostridium perfringens	No	Yes		No	Yes	Yes (살균공정)	CP
		진균류	No	Yes		No	Yes	Yes (살균공정)	CP
	P	금속이물	No	Yes		No	Yes	Yes (금속검출)	CP
금속검출	B	대장균군	No	Yes		No	Yes	Yes (살균공정)	CP
		Staphylococcus aureus	No	Yes		No	Yes	Yes (살균공정)	CP
		Bacillus cereus	No	Yes		No	Yes	Yes (살균공정)	CP
		Listeria monocytogenes	No	Yes		No	Yes	Yes (살균공정)	CP
		장출혈성대장균	No	Yes		No	Yes	Yes (살균공정)	CP
		Clostridium perfringens	No	Yes		No	Yes	Yes (살균공정)	CP
		진균류	No	Yes		No	Yes	Yes (살균공정)	CP
	P	금속이물	No	Yes		Yes			CCP-1P
살균	B	대장균군	No	Yes		Yes			CCP-2B
		Staphylococcus aureus	No	Yes		Yes			CCP-2B
		Bacillus cereus	No	Yes		Yes			CCP-2B
		Listeria monocytogenes	No	Yes		Yes			CCP-2B
		장출혈성대장균	No	Yes		Yes			CCP-2B
		Clostridium perfringens	No	Yes		Yes			CCP-2B
		진균류	No	Yes		Yes			CCP-2B
냉각									
외포장									
냉장/냉동 보관									
출하									

☞ Tip ☜
위해평가 3점 이상 적용

9.	**HACCP관리기준** **한계기준 설정**	제(개)정일자	2015.00.00

CCP-1P(금속검출 공정)

○ 금속검출공정에 대한 한계기준 설정 방법
1) 원료 및 공정 환경에서 유래 가능한 모든 금속 이물의 종류와 수를 조사·정리한다. 조사 결과에는 사진 및 크기, 수를 기재하고, 크기가 가장 작은 이물을 명시한다.
2) 금속검출기 자체의 최적 감도를 설정한다.
   ① 금속검출기의 제어판을 조작하여 감도에 따른 위치별 테스트 피스의 검출 양상을 조사하여 결과를 기록한다.
     ※ 금속검출기마다 감도를 나타내는 수치나 표시 방식이 다르므로, 여러 가지 감도 조건 중 가장 검출력이 높은 조건을 찾아낸다.
   ② 적절한 기계 감도 설정 후, 이물이 없는 것으로 확인된 공정품을 금속검출기에 위치별로 통과시켜 검출이 되는지의 여부를 확인하고 기록한다.
     ※ 제품의 물성, pH, 염도, 수분함량 등은 금속검출기의 감도에 영향을 줄 수 있으므로, 제품 특성에 따른 오작동 여부를 판단하는 과정이다.
   ③ 이물이 없는 것으로 확인된 공정품에 테스트 피스를 넣고, 테스트 피스의 크기별, 위치별로 금속검출기의 검출 성능을 시험하고 기록한다.
3) 과정 1)에서 찾아낸 크기가 가장 작은 이물을 공정품의 다양한 위치에 넣고, 과정 2)에서 설정된 기기 감도 조건으로 해당 이물의 검출 여부를 확인한 후 결과를 기록한다.
4) 만일, 원료 및 공정 환경에서 유래할 수 있는 가장 작은 크기의 이물이 검출되지 않는 경우, 해당 이물이 검출될 수 있도록 금속검출기 감도를 조정하여 재 실험한다.
   ※ 동일 공정에서 유사 원료로 생산된 제품의 경우 대표 제품을 선정하여 실험 가능(생산제품의 한계기준 중 가장 열악한 조건이나 위해성이 높다고 판단되는 제품 선정)

☞ Tip ☜ 금속검출기의 경우 물을 뿌리거나 습도가 많은 환경에서는 오작동이 일어날 수 있으니 주의

| 9. | HACCP관리기준
한계기준 설정 | 제(개)정일자 | 2015.00.00 |

[예시] CCP-1P(금속검출 공정)

■. 자사에서 발생 가능한 금속이물 확인
  ○ 우리 회사에서 발생 가능한 금속이물(Fe, STS)은 10 mm 이상으로 파악

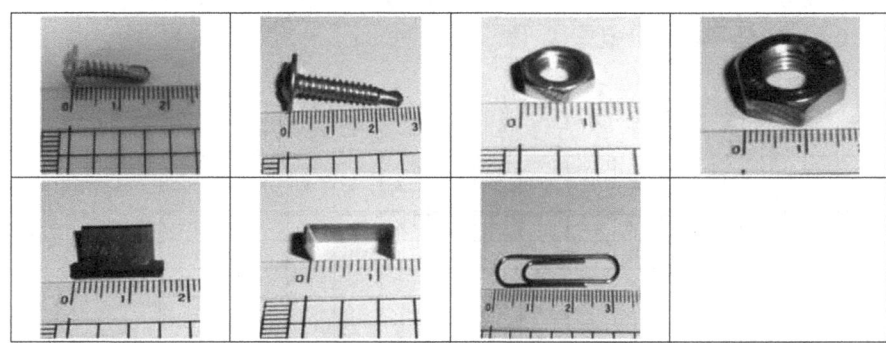

■. 금속검출 한계기준 설정 실험
  ○ 준비물

금속검출기	Fe 시편	STS 시편	제품
금속검출기터널	●	●	OOO순대 (중량 : 1,000g)

☞ Tip ☜
작업장과 제조설비에서 발생가능한 금속이물 확인

☞ Tip ☜
자사 검출기 시편, 제품사진으로 교체

9.	HACCP관리기준 한계기준 설정	제(개)정일자	2015.00.00

■ 금속검출기 검출 능력 테스트
○ 금속검출기 감도를 다르게 하여 금속검출기 시편으로만 금속검출기 터널 좌, 중, 우로 통과 시켜 검출 능력 파악 : 100% 검출율이 적합 기준
　- 감도는 금속검출기 제조사별로 다름: A사는 80, 90, 100이면 B사는 55, 65, 75로 각 회사별로 다름

○ Fe 시편으로 검출 능력 테스트 예시

☞ Tip ☜
금속검출기의 검출 능력을 확인하는 실험

☞ Tip ☜
자사실험 결과를 바탕으로 작성

☞ Tip ☜
성적서가 있으면 대체 가능

금속검출기 터널 위치	감도	mmΦ	1	2	3	4	5	6	7	8	9	10	검출율(%)
터널 좌	90	1.0	×	×	×	×	×	×	×	×	×	×	0
		1.5	×	×	×	×	×	×	×	×	×	×	0
		2.0	×	×	×	×	×	×	×	×	×	×	0
		2.5	×	×	×	×	×	×	×	×	×	×	0
	100	1.0	×	×	×	×	×	×	×	×	×	×	0
		1.5	○	○	○	○	○	○	○	○	○	○	100
		2.0	○	○	○	○	○	○	○	○	○	○	100
		2.5	○	○	○	○	○	○	○	○	○	○	100
	110	1.0	○	○	○	○	○	○	○	○	○	○	100
		1.5	○	○	○	○	○	○	○	○	○	○	100
		2.0	○	○	○	○	○	○	○	○	○	○	100
		2.5	○	○	○	○	○	○	○	○	○	○	100
터널 중	90	1.0	×	×	×	×	×	×	×	×	×	×	0
		1.5	×	×	×	×	×	×	×	×	×	×	0
		2.0	×	×	×	×	×	×	×	×	×	×	0
		2.5	×	×	×	×	×	×	×	×	×	×	0
	100	1.0	×	×	×	×	×	×	×	×	×	×	0
		1.5	○	○	○	○	○	○	○	○	○	○	100
		2.0	○	○	○	○	○	○	○	○	○	○	100
		2.5	○	○	○	○	○	○	○	○	○	○	100
	110	1.0	○	○	○	○	○	○	○	○	○	○	100
		1.5	○	○	○	○	○	○	○	○	○	○	100
		2.0	○	○	○	○	○	○	○	○	○	○	100
		2.5	○	○	○	○	○	○	○	○	○	○	100
터널 우	90	1.0	×	×	×	×	×	×	×	×	×	×	0
		1.5	×	×	×	×	×	×	×	×	×	×	0
		2.0	×	×	×	×	×	×	×	×	×	×	0
		2.5	×	×	×	×	×	×	×	×	×	×	0
	100	1.0	×	×	×	×	×	×	×	×	×	×	0
		1.5	○	○	○	○	○	○	○	○	○	○	100
		2.0	○	○	○	○	○	○	○	○	○	○	100
		2.5	○	○	○	○	○	○	○	○	○	○	100
	110	1.0	○	○	○	○	○	○	○	○	○	○	100
		1.5	○	○	○	○	○	○	○	○	○	○	100
		2.0	○	○	○	○	○	○	○	○	○	○	100
		2.5	○	○	○	○	○	○	○	○	○	○	100

※ ○: 통과 못함, ×: 통과함

| 9. | HACCP관리기준 한계기준 설정 | 제(개)정일자 | 2015.00.00 |

○ STS 시편으로 검출 능력 테스트 예시

금속검출기 터널 위치	감도	mmΦ	1	2	3	4	5	6	7	8	9	10	검출율 (%)
터널 좌	90	1.5	×	×	×	×	×	×	×	×	×	×	0
		2.0	×	×	×	×	×	×	×	×	×	×	0
		2.5	×	×	×	×	×	×	×	×	×	×	0
		3.0	×	×	×	×	×	×	×	×	×	×	0
	100	1.5	×	×	×	×	×	×	×	×	×	×	0
		2.0	○	○	○	○	○	○	○	○	○	○	100
		2.5	○	○	○	○	○	○	○	○	○	○	100
		3.0	○	○	○	○	○	○	○	○	○	○	100
	110	1.5	○	○	○	○	○	○	○	○	○	○	100
		2.0	○	○	○	○	○	○	○	○	○	○	100
		2.5	○	○	○	○	○	○	○	○	○	○	100
		3.0	○	○	○	○	○	○	○	○	○	○	100
터널 중	90	1.5	×	×	×	×	×	×	×	×	×	×	0
		2.0	×	×	×	×	×	×	×	×	×	×	0
		2.5	×	×	×	×	×	×	×	×	×	×	0
		3.0	×	×	×	×	×	×	×	×	×	×	0
	100	1.5	×	×	×	×	×	×	×	×	×	×	0
		2.0	○	○	○	○	○	○	○	○	○	○	100
		2.5	○	○	○	○	○	○	○	○	○	○	100
		3.0	○	○	○	○	○	○	○	○	○	○	100
	110	1.5	○	○	○	○	○	○	○	○	○	○	100
		2.0	○	○	○	○	○	○	○	○	○	○	100
		2.5	○	○	○	○	○	○	○	○	○	○	100
		3.0	○	○	○	○	○	○	○	○	○	○	100
터널 우	90	1.5	×	×	×	×	×	×	×	×	×	×	0
		2.0	○	○	○	○	○	○	○	○	○	○	100
		2.5	×	×	×	×	×	×	×	×	×	×	0
		3.0	×	×	×	×	×	×	×	×	×	×	0
	100	1.5	×	×	×	×	×	×	×	×	×	×	0
		2.0	○	○	○	○	○	○	○	○	○	○	100
		2.5	○	○	○	○	○	○	○	○	○	○	100
		3.0	○	○	○	○	○	○	○	○	○	○	100
	110	1.5	○	○	○	○	○	○	○	○	○	○	100
		2.0	○	○	○	○	○	○	○	○	○	○	100
		2.5	○	○	○	○	○	○	○	○	○	○	100
		3.0	○	○	○	○	○	○	○	○	○	○	100

※ ○: 통과 못함, ×: 통과함

○ 금속검출기 순수 검출 능력 테스트 결과 예시

측정 결과		
적정감도	Fe	STS
100	1.5 mmΦ	2.0 mmΦ

☞ Tip ☞ 금속검출기의 검출 능력을 확인하는 실험

☞ Tip ☞ 자사실험 결과를 바탕으로 작성

☞ Tip ☞ 성적서가 있으면 대체 가능

☞ Tip ☞ 자사실험 결과를 바탕으로 작성

| 9. | HACCP관리기준 한계기준 설정 | 제(개)정일자 | 2015.00.00 |

☞ Tip ☜
적정감도에서 제품에 혼입된 금속을 찾아내는 실험

■ 금속검출기 한계기준 유효성 평가 테스트
  ○ 설정된 감도에서 자사 제품과 금속검출기 시편을 함께 혼용하여 위치별로 통과 시켜 유효성 평가를 실시
  ○ Fe 시편으로 유효성 평가 테스트 예시 : 감도 100

금속검출기 터널 위치	구분	mmΦ	1	2	3	4	5	6	7	8	9	10	검출율(%)
금속검출기터널	좌-상	1.0	×	×	×	×	×	×	×	×	×	×	0
		1.5	×	×	×	×	×	×	×	×	×	×	0
		2.0	○	○	○	○	○	○	○	○	○	○	100
		2.5	○	○	○	○	○	○	○	○	○	○	100
금속검출기터널	좌-중	1.0	×	×	×	×	×	×	×	×	×	×	0
		1.5	×	×	×	×	×	×	×	×	×	×	0
		2.0	○	○	○	○	○	○	○	○	○	○	100
		2.5	○	○	○	○	○	○	○	○	○	○	100
금속검출기터널	좌-하	1.0	×	×	×	×	×	×	×	×	×	×	0
		1.5	×	×	×	×	×	×	×	×	×	×	0
		2.0	○	○	○	○	○	○	○	○	○	○	100
		2.5	○	○	○	○	○	○	○	○	○	○	100
금속검출기터널	중-상	1.0	×	×	×	×	×	×	×	×	×	×	0
		1.5	×	×	×	×	×	×	×	×	×	×	0
		2.0	○	○	○	○	○	○	○	○	○	○	100
		2.5	○	○	○	○	○	○	○	○	○	○	100
금속검출기터널	중-중	1.0	×	×	×	×	×	×	×	×	×	×	0
		1.5	×	×	×	×	×	×	×	×	×	×	0
		2.0	○	○	○	○	○	○	○	○	○	○	100
		2.5	○	○	○	○	○	○	○	○	○	○	100
금속검출기터널	중-하	1.0	×	×	×	×	×	×	×	×	×	×	0
		1.5	×	×	×	×	×	×	×	×	×	×	0
		2.0	○	○	○	○	○	○	○	○	○	○	100
		2.5	○	○	○	○	○	○	○	○	○	○	100
금속검출기터널	우-상	1.0	×	×	×	×	×	×	×	×	×	×	0
		1.5	×	×	×	×	×	×	×	×	×	×	0
		2.0	○	○	○	○	○	○	○	○	○	○	100
		2.5	○	○	○	○	○	○	○	○	○	○	100
금속검출기터널	우-중	1.0	×	×	×	×	×	×	×	×	×	×	0
		1.5	×	×	×	×	×	×	×	×	×	×	0
		2.0	○	○	○	○	○	○	○	○	○	○	100
		2.5	○	○	○	○	○	○	○	○	○	○	100
금속검출기터널	우-하	1.0	×	×	×	×	×	×	×	×	×	×	0
		1.5	×	×	×	×	×	×	×	×	×	×	0
		2.0	○	○	○	○	○	○	○	○	○	○	100
		2.5	○	○	○	○	○	○	○	○	○	○	100

※ ○ : 통과 못함, × : 통과함

☞ Tip ☜
자사실험 결과를 바탕으로 작성

| 9. | HACCP관리기준 한계기준 설정 | 제(개)정일자 | 2015.00.00 |

○ STS 시편으로 유효성 평가 테스트 예시 : 감도 100

금속검출기 터널 위치	구분	mmΦ	1	2	3	4	5	6	7	8	9	10	검출율 (%)
금속검출기터널	좌-상	1.5	×	×	×	×	×	×	×	×	×	×	0
		2.0	×	×	×	×	×	×	×	×	×	×	0
		2.5	○	○	○	○	○	○	○	○	○	○	100
		3.0	○	○	○	○	○	○	○	○	○	○	100
금속검출기터널	좌-중	1.5	×	×	×	×	×	×	×	×	×	×	0
		2.0	×	×	×	×	×	×	×	×	×	×	0
		2.5	○	○	○	○	○	○	○	○	○	○	100
		3.0	○	○	○	○	○	○	○	○	○	○	100
금속검출기터널	좌-하	1.5	×	×	×	×	×	×	×	×	×	×	0
		2.0	×	×	×	×	×	×	×	×	×	×	0
		2.5	○	○	○	○	○	○	○	○	○	○	100
		3.0	○	○	○	○	○	○	○	○	○	○	100
금속검출기터널	중-상	1.5	×	×	×	×	×	×	×	×	×	×	0
		2.0	×	×	×	×	×	×	×	×	×	×	0
		2.5	○	○	○	○	○	○	○	○	○	○	100
		3.0	○	○	○	○	○	○	○	○	○	○	100
금속검출기터널	중-중	1.5	×	×	×	×	×	×	×	×	×	×	0
		2.0	×	×	×	×	×	×	×	×	×	×	0
		2.5	○	○	○	○	○	○	○	○	○	○	100
		3.0	○	○	○	○	○	○	○	○	○	○	100
금속검출기터널	중-하	1.5	×	×	×	×	×	×	×	×	×	×	0
		2.0	×	×	×	×	×	×	×	×	×	×	0
		2.5	○	○	○	○	○	○	○	○	○	○	100
		3.0	○	○	○	○	○	○	○	○	○	○	100
금속검출기터널	우-상	1.5	×	×	×	×	×	×	×	×	×	×	0
		2.0	×	×	×	×	×	×	×	×	×	×	0
		2.5	○	○	○	○	○	○	○	○	○	○	100
		3.0	○	○	○	○	○	○	○	○	○	○	100
금속검출기터널	우-중	1.5	×	×	×	×	×	×	×	×	×	×	0
		2.0	×	×	×	×	×	×	×	×	×	×	0
		2.5	○	○	○	○	○	○	○	○	○	○	100
		3.0	○	○	○	○	○	○	○	○	○	○	100
금속검출기터널	우-하	1.5	×	×	×	×	×	×	×	×	×	×	0
		2.0	×	×	×	×	×	×	×	×	×	×	0
		2.5	○	○	○	○	○	○	○	○	○	○	100
		3.0	○	○	○	○	○	○	○	○	○	○	100

※ ○: 통과 못함, ×: 통과함

■ 우리 회사 금속검출 한계기준 설정 결과 예시

우리 회사 한계기준			
제품명	중량	Fe	STS
○○○순대	1,000g	2.0 mmΦ	2.5 mmΦ

☞ Tip ☜ 포장 단위 또는 품목이 2가지 이상인 회사일 경우: 포장 단위별, 품목별로 테스트하여 한계기준 설정 필요

Tip: 적정감도에서 제품에 혼입된 금속을 찾아내는 실험

Tip: 자사실험 결과를 바탕으로 작성

Tip: 자사실험 결과를 바탕으로 작성

9.	HACCP관리기준 한계기준 설정	제(개)정일자	2015.00.00

[예시] CCP-2B(살균공정)

■ 생물학적 위해요소를 제어하기 위한 "살균" 공정의 한계기준을 설정하기 위해 다음과 같은 실험을 한다.

○ 한계기준 설정 근거 실험
  - 자사 품질 기준 예시

구 분	적합(O)	부적합(X)
품온	70℃ 이상일 때	70℃ 미만일 때
맛	채소와 선지의 풍부한 맛이 날 때	텁텁한 맛이 날 때
향	특유의 순대향과 야채향이 날 때	선지 특유의 진한 향이 많이 날 때
색	윤기가 흐르며, 옅은 갈색이 날 때	짙은 검은색이 돌 때
식감	식감이 부드럽고 쫄깃할 때	당면이 엉겨 붙어 한 덩이가 되거나 순대창이 질길 때
외관 (포장상태)	포장지가 외관상 이상이 없을 때	포장지가 터지거나 쭈글거릴 때

★ 품온, 맛, 향, 색, 식감, 외관의 기준 중 6개 기준 모두 적합일 경우 한계기준 설정 가능함

  - 자사 품질 실험 결과 예시

기준 설정온도	시간	품온(℃)	맛	향	색상	식감	외관
90℃	15분	67.1(×)	O	O	O	O	O
	20분	68.5(×)	O	O	O	O	O
	25분	71.9(O)	O	O	O	O	O
95℃	15분	70.9(O)	O	O	O	O	O
	20분	73.0(O)	O	O	O	O	O
	25분	76.0(O)	O	O	O	O	O
100℃	15분	84.0(O)	O	O	O	O	O
	20분	85.0(O)	O	O	O	O	O
	25분	86.1(O)	O	O	O	×	×

  - 상기 결과로 살균 공정의 한계기준은 95~100℃, 15분~20분, 품온 70~85℃로 설정

☞ Tip ☜
살균 공정을 설정하는 실험

☞ Tip ☜
자사 품질기준으로 작성

☞ Tip ☜
자사실험 결과를 바탕으로 작성

9.	HACCP관리기준 한계기준 설정	제(개)정일자	2015.00.00

[예시] CCP-2B(살균공정)

○ 한계기준 유효성 평가 실험
- 설정된 한계기준이 생물학적 위해요소를 제어하는지 유효성 평가 실험을 다음과 같이 실시한다.
- 유효성 평가 실험 판정 기준 예시

분석항목 항목	판정기준
일반세균	10,000 cfu/g이하
대장균군	0
진균	음성
리스테리아 모노사이토제네스	음성
장출혈성대장균	음성
살모넬라균	음성
바실러스 세레우스	음성
황색포도상구균	음성
클로스트리디움 퍼프리젠스	음성
장염비브리오(원료 중 수산물을 사용하는 경우)	음성

- 유효성 평가 실험 항목 예시

☞ Tip ☜ 살균 전 : CCP 통과 전 공정품, 살균 후: CCP 통과 후 공정품

분석항목 항목	구분	결과(온도 : 95℃, 10분 살균)					
		1차		2차		3차	
		살균전	살균후	살균전	살균후	살균전	살균후
일반세균	정량						
대장균군	정량						
진균	정성			해당없음	해당없음	해당없음	해당없음
리스테리아 모노사이토제네스	정성			해당없음	해당없음	해당없음	해당없음
장출혈성대장균	정성			해당없음	해당없음	해당없음	해당없음
살모넬라균	정성			해당없음	해당없음	해당없음	해당없음
바실러스 세레우스	정성			해당없음	해당없음	해당없음	해당없음
황색포도상구균	정성			해당없음	해당없음	해당없음	해당없음
클로스트리디움 퍼프리젠스	정성			해당없음	해당없음	해당없음	해당없음
장염비브리오 (원료 중 수산물을 사용하는 경우)	정성			해당없음	해당없음	해당없음	해당없음

□ 상기 결과로 자사에서 설정한 한계기준의 유효성 평가 실험 결과 유효성이 있는 것으로 나타남.

☞ Tip ☜ 주의
○ 동일 공정에서 유사 원료로 생산된 제품의 경우 대표 제품을 선정하여 실험 가능 (생산제품의 한계기준 중 가장 열악한 조건이나 위해성이 높다고 판단되는 제품 선정)
○ 가급적 공인된 검사기관에서 직접 수거 검사를 하도록 요청
○ 실제 CCP 운영 조건으로 의뢰 : 설정된 한계기준 중 제일 낮은 온도와 낮은 시간으로 생산하여 실험 의뢰

☞ Tip ☜ 살균 공정의 효과를 확인하는 실험

☞ Tip ☜ 시험성적서 결과를 작성

10.	**HACCP관리기준** 중요관리점(CCP)관리 및 기준 이탈 시 조치	제(개)정일자	2015.00.00

금속검출 공정(CCP-1P)

○ 내포장된 제품을 컨베이어벨트에 올려놓고 금속검출기를 통과시킨다. 검출 신호 발생 시 금속이물이 혼입된 제품을 제거하고 기록 관리한다.

○ 금속이물이 혼입된 제품을 선별하고 균일한 품질을 확보하기 위하여 금속검출기의 정상작동 유무를 작업시작 전, 작업 중 2시간마다, 작업 종료 후 확인·기록한다.

> ※금속검출기 정상 작동유무를 2시간마다 실시하는 이유는 금속검출기의 입력전압 불균형, 컨베이어벨트 속도 변동 등 가동상태가 지속적으로 유지되는지 확인·관리하기 위함이다.

○ 금속검출기의 감도 확인 방법은 다음과 같다.
 ① 기기감도의 설정 조건을 확인한다.
 ② 표준시편[금속 이물의 크기가 Fe 2.0mmφ, STS 2.5mmφ이상]과 금속이물이 없는 것으로 확인된 공정품을 각각 금속검출기에 통과시켜 인식 여부를 확인한다.
 ③ 금속이물이 없는 것으로 확인된 제품에 표준시편을 넣고 인식 여부를 확인한다.

○ 금속성 이물이 제품에서 검출된 경우, 공정품에 혼입된 금속이물의 출처를 조사하여 그 원인을 제거한다. 금속이물 검출 내역 및 개선 조치 사항을 일지에 기록한다.

○ 금속검출기의 고장이 확인된 경우, 즉시 수리하고, 이전 모니터링 시점부터 고장 확인 시점까지 금속검출기를 통과한 공정품을 재통과 시킨 후 그 결과를 기록한다. 즉각적인 수리가 불가능할 경우, 공정품이 교차오염 되지 않도록 조치하여 냉동/냉장창고에 보관한 후 수리가 끝나면 금속검출기의 정상 작동을 확인한 후 제품 생산을 재개한다.

○ 금속검출기의 정상작동 여부를 확인하기 위해, 연 1회 이상 금속검출기 검·교정 등을 통해 이상 유무를 확인한다.

☞ Tip ☜
금속검출 한계기준 유효성 평가결과를 바탕으로 작성

10.	**HACCP관리기준**	제(개)정일자	2015.00.00
	중요관리점(CCP)관리 및 기준 이탈 시 조치		

살균 공정(CCP-2B)

○ 내포장된 공정품을 예열된 살균실로 컨베이어벨트를 이용하여 이동시켜 살균하는 것으로 살균 온도 95~100℃, 살균 시간 15~20분, 살균 후 품온 70~85℃ 으로 살균공정을 실시한다.

○ 식중독균 등 세균을 제거하고 균일한 품질을 확보하기 위하여 살균 온도 95~100℃, 살균 시간 15~20분, 살균 후 품온 70~85℃은 작업시작 전, 작업 중 2시간마다 측정 및 기록한다.

※ 살균온도 및 시간, 살균 후 품온을 2시간마다 확인하는 이유는 살균기 전체의 온도, 습도 불균형 등 가동상태의 변화 여부를 지속적으로 확인·관리하기 위함이다.

○ 살균온도 및 시간, 살균 후 품온은 살균기에 부착된 컨트롤 판넬에 표시되는 온도계와 타이머를 확인한다.

※ 살균기의 살균 시간은 RPM 또는 Hz로 표시할 수도 있다(단 조건에 시간을 측정하여 모니터링 필요)
※ 부착형이 아닌 경우 탐침온도계와 타이머를 사용하여 확인 가능

○ 살균 온도 95~100℃, 살균 시간 15~20분, 살균 후 품온 70~85℃일 경우는 다음 냉각공정을 진행하고, 한계기준을 초과한 경우 제품 검사결과에 이상이 없을 때 다음 공정을 진행한다.

○ 살균온도 및 시간, 살균 후 품온이 조건에 미달한 경우 즉시 재살균 후 해당제품을 검사하여 검사결과 이상이 없으면 다음공정을 진행하고 부적합이면 폐기한다.

○ 기준에 맞지 않는 경우에는 그 내용과 개선조치 내용을 중요관리점(CCP-2B)모니터링일지에 기록한다.

○ 온도계/속도계/타이머의 정상작동 여부를 확인하기 위해, 연 1회 이상 검·교정(내부/외부)을 통해 이상 유무를 확인한다.

☞ Tip ☞
살균공정의 한계기준 설정 및 유효성 평가결과를 바탕으로 작성

11.	HACCP관리기준 검증	제(개)정일자	2015.00.00

검증의 계획 수립 및 검증원 자격 요건

○ 최초검증 및 일상, 정기, 특별검증에 대한 연간 계획을 수립한다.
○ 검증원 자격요건

> ✔ 본사의 OO이상의 간부 이거나 동종업계에 O년 이상의 경력을 갖춘 자
> ✔ HACCP전문가 과정, 팀장과정을 공인기관에서 수료한 자 등

☞ Tip ☜
검증원 자격요건은 업체 상황에 따라 자체적으로 설정

검증의 실시 시기 및 검증 내용

○ 최초검증

> **HACCP 실시 상황 평가표[식품의약품안전처 고시(식품안전관리인증기준)]를 참고하여 최초 실행 시 실시**

> ✔ HACCP 계획의 최초 실행과정, 즉 해당 계획서가 작성된 이후 현장에 적용하면서 실제로 해당 계획이 효과가 있는지 확인하고 부적합 사항에 대하여 부적합 보고서를 작성하여 관리한다. (유효성 평가)
> - 발생가능한 모든 위해요소를 확인·분석하였는지 여부
> - 제품설명서, 공정흐름도의 현장 일치 여부
> - CP, CCP 결정의 적절성 여부
> - 한계기준이 안전성을 확보하는데 충분한지 여부
> - 모니터링 체계가 올바르게 설정되어 있는지 여부

○ 일상검증

> **중요관리점(CCP) 검증 점검표를 이용하여 매월 실시**

> ✔ CCP공정에 대한 준수여부, 이탈시 조치사항 및 기록여부 확인 (실행성 평가)
> - 작업자가 CCP 공정에서 정해진 주기로 측정이나 관찰을 수행하는지 현장 관찰
> - 한계기준 이탈 시 개선조치를 취하고 있으며, 개선조치가 적절한 지 확인
> - 개선조치 실제 실행여부와 개선조치의 적절성 확인을 위하여 기록의 완전성·정확성 등을 자격 있는 사람이 검토하고 있는지 확인
> - 검사·모니터링 장비의 주기적인 검·교정 실시 여부 등을 확인

○ 정기검증

> **HACCP 실시 상황 평가표[식품의약품안전처 고시(식품안전관리인증기준)]를 참고하여 연1회 실시**

> ✔ 연1회 HACCP계획 및 기준서의 유효성에 대한 종합적 검증 실시하고 부적합사항에 대하여 부적합보고서 작성 관리 (유효성 검증)
>   - HACCP실시상황 평가표를 이용한 종합적 검증
>   - CCP한계기준에 대한 유효성 검증

○ 특별검증

> **식품이나 공정상 실질적 변경 등 특이적 사항 발생 시 마다 실시**

> ✔ 새로운 위해정보가 발생시, 해당식품의 특성 변경 시, 원료·제조공정 등의 변동 시, HACCP계획의 문제점 발생 시 해당부분에 대한 재검토

☞ Tip ☜
검증 주기에 맞게 검증 실시 필요

11.	**HACCP관리기준** **검증**	제(개)정일자	2015.00.00

[예시] 최초검증 내용

최초검증 전 준비해야 할 해썹 서류 목록(운영하고 있어야 하는 서류들)		
번호	서류목록	비고
1	해썹 법적 교육 수료증	1. 영업자 교육 훈련: 2시간 2. HACCP 팀장 교육 훈련: 16시간 3. HACCP 팀원, 기타 종업원 교육 훈련: 4시간 ※ 대표가 팀장인 경우는 대표가 팀장과정을 받으면 영업자 교육 같음 ※ 팀원 및 기타 종업원은 해썹 팀장이 교육 가능
2	법적서류	자사에서 보관 및 작성하여 운영하고 있는 법적서류 예) 사업자등록증, 건축물대장, 영업등록(신고)증, 품목제조보고서, 자가품질검사 성적서, 생산 및 작업일지, 원료 입고 일지 및 원료 수불 관계서류, 제품거래기록서 및 서류, 소비자불만 및 클레임일지, 위생교육수료증, 종사자 건강진단 서류, 용수검사성적서(지하수), 용수탱크 청소 일지, 생산실적보고서 등
3	HACCP관리 기준서	자사에 맞게 수정 작성
4	중요관리점(CCP) 점검표	매일 작성
5	중요관리점(CCP) 검증 점검표	월 1회 작성
6	일반위생관리 및 공정점검표	매일, 주간, 월간, 분기, 반기, 연간에 따라 작성
7	CCP-B 유효성 평가서	년 1회 실시 및 작성
8	CCP-P 유효성 평가서	년 1회 실시 및 작성
9	방충·방서 일지	매주 작성
10	이물 제거 기준	기준 설정 후 준수
11	구역별 착용 기준	기준 설정 후 준수
12	손 세척·건조·소독 기준	기준 설정 후 준수
13	교육 훈련 일지	매월 작성
14	제조설비 및 작업장 세척·소독 기준	기준 설정 후 준수
15	냉장·냉동 창고 모니터링 일지	매일 작성
16	검·교정 일지	년 1회 의뢰 및 작성
17	용수관리 일지	매주 작성
18	용수탱크 세척소독 일지	반기 1회 작성
19	육안검사일지 및 육안검사기준	매 원료 입고 시 작성
20	회수관리 일지	작성 및 운영
21	소비자 불만 및 이물관리 일지	작성 및 운영
22	최초 검증 및 개선조치 보고서	인증 평가 신청 전 운영 및 작성, 인증 후 년 1회 정기 검증으로 활용

11.	HACCP관리기준 검증	제(개)정일자	2015.00.00

[예시] 최초검증 점검표

☞ Tip ☜ 개선 필요 및 준비 상황은 업체 상황에 맞게 수정·보완하여 체크

최초검증 내용 체크리스트

평가사항	개선 필요 및 준비 상황 체크리스트	적합	부적합
☐ 선행요건 관리			
1. 작업장은 외부의 오염물질이나, 해충·설치류 등의 유입을 차단할 수 있도록 밀폐 또는 위생적으로 관리하여야 한다.	- 외부와 연결된 문의 상/하, 좌/우 밀폐 확인 - 각 공정실 문의 상/하, 좌/우 밀폐 확인 - 작업장 벽면 틈새 있는지 확인 - 환풍기에 방충망 설치 확인 - 환풍기 사용 안할 경우 닫혀 지는지 확인 - 창문 및 창문 배수틈에 방충망 설치 확인		
2. 포충등, 쥐덫, 바퀴벌레 포획도구 등에 포획된 개체수를 정해진 주기에 따라 확인하여야 한다.	- 외부와 연결된 내부 문 안쪽 좌/우에 바퀴트랩 설치 확인(끈끈이 형태, 덮개 있음) - 외부와 연결된 문 외부 좌/우에 쥐트랩 설치 확인(끈끈이 형태, 덮개 있음) - 일반구역, 청결구역, 위생전실 등 유인 포충등 설치 확인; 사람이 관리 할 수 있는 높이 설치 확인 - 작업장별(청결/일반) 개체수 관리 기준 수립 필요 - 방충/방서 설비 위치별/종류별로 구분하여 주 1회 개체수 관리 확인 - 기준 이탈 시 원인 파악 및 개선조치 실시 확인 - (관련일지) 방충/방서일지 기록관리 필요		
3. 종업원은 작업장 출입시 이물제거 도구 등을 이용하여 이물을 제거하여야 하고, 개인장신구 등 휴대품을 소지하여서는 아니된다.	- 위생전실에 끈끈이 룰러 등 이물제거 도구 설치 확인 - 이물제거 도구 사용 기준 준수 확인: 사용 횟수 및 사용 방법 준수 - 종사자 개인 물건 소지 금지(휴대폰, 열쇠, 개인장신구 등) 확인 - 종사자가 작업장 출입 시 이물제거 후 입실하는지 확인 - 이물제거기준 설정 및 준수 필요 - (관련일지) 일일위생관리 및 공정점검표 일지 기록 필요		
4. 종업원은 작업장 출입시 손위생화 등을 세척·소독하여야 하며, 청결한 위생복장을 착용하고 입실하여야 한다.	- 탈의실 및 탈의함 청소관리 확인 - 위생복과 외출복 구분 보관 관리 확인 - 위생화와 실내화 구분 보관 관리 확인 - 위생복장 확인: 위생모(머리카락 노출 되지 않음), 위생복(반팔 금지, 팔, 다리 하단 조임기능), 마스크 등 - 작업장 출입기준 준수 확인 : 위생복 착용→위생화 착용→이물제거→손세척, 건조→작업장 출입 후 손 소독→퇴실시 위생화 세척/소독 - 손 세척소독기준, 구역별 착용 기준 설정 및 준수 필요 - (관련일지) 일일위생관리 및 공정점검표 일지 기록 필요		
5. 종업원을 대상으로 정해진 주기에 따라 위생교육을 실시하여야 한다.	- 연간 종사자 계획 수립 확인 - 월 1회 종사자 교육 실시 확인 - (관련일지)교육훈련 일지 관리 필요		
6. 작업장 내부는 정해진 주기에 따라 청소하여야 한다.	- 작업장 내부 청소 대상, 방법 및 주기 수립 확인 - 작업장 내부 청소 확인 - 종사자도 청소 방법 숙지 확인 - 세척소독 기준 설정 및 준수 필요 - (관련일지) 일일위생관리 및 공정점검표 일지 기록 필요		
7. 배수로, 제조설비의 식품과 직접 닿는 부분, 식품과 직접 접촉되는 작업도구 등은 정해진 주기에 따라 청소·소독을 실시하여야 한다.	- 배수로 청소/소독 방법 및 주기 수립 확인 - 배수로 청소/소독 확인 - 각 제조설비 청소/소독 방법 및 주기 수립 확인 - 각 제조설비 청소/소독 확인 - 식품과 직접 접촉하는 제조설비 재질 적정성 확인 - 세척소독 기준 설정 및 준수 필요 - (관련일지) 일일위생관리 및 공정점검표 일지 기록 필요		

| 11. | HACCP관리기준 검증 | 제(개)정일자 | 2015.00.00 |

[예시] 최초검증 점검표

☐ 선행요건 관리		적합	부적합
8. 파손되거나 정상적으로 작동하지 아니하는 제조설비를 사용하여서는 아니되며 식품위생법에서 정한 시설기준에 적합하게 관리하여야 한다.	- 제조설비 녹제거 확인		
	- 제조설비 재질 적정성(식품 용도로 허가된 재질) 확인		
	- 원부재료, 공정품, 완제품, 폐기물 등 바닥, 벽면 이격관리 확인		
	- 창문 및 조명시설 비산 방지 확인		
	- 작업장 환기 확인		
	- 작업장 천장/바닥/벽 내수 재질 확인		
	- (관련일지) 일일위생관리 및 공정점검표 일지 기록 필요		
9. 냉장·냉동 창고의 온도를 적절히 관리하여야 한다.	- 냉장/냉동창고 온도 매일 기록관리 필요		
	- 기준 이탈 시 개선조치 실시 확인		
	- (관련일지) 일일위생관리 및 공정점검표 일지 기록 필요		
10. 가열기 및 냉장·냉동창고의 온도계는 정해진 주기에 따라 검·교정을 실시하여야 한다.	- 표준 온도계(최소 측정단위 0.1℃) 공인기관 검교정 확인		
	- CCP와 연결된 계측 장비 검교정 확인(탐침/적외선 온도계, 타이머 등)		
	- 냉장 창고 판넬 온도계 검교정 확인		
	- 냉동 창고 판넬 온도계 검교정 확인		
	- 저울 검교정 확인		
	- (관련일지) 검교정일지 기록관리 필요		
11. 저수조는 정해진 주기에 따라 청소·소독을 철저히 하고 화장실은 제조시설에 영향을 주지 아니하도록 위생적으로 관리하여야 한다.	- 용수탱크 시건 장치 확인		
	- 저수조(용수탱크) 반기별 세척/소독 실시 확인		
	- 화장실에 손세척, 건조, 소독 설비 설치 및 운영 확인		
	- 화장실용 슬리퍼 구비 및 운영 확인		
	- (관련일지) 용수관리 일지 관리 필요		
	- (관련일지) 용수탱크 세척소독 일지 관리 필요		
12. 식품과 직접 접촉되는 모니터링 도구(온도계 등)는 사용 전·후 세척·소독을 실시하여야 한다.	- CCP 모니터링 도구 구비 확인		
	- CCP 모니터링 도구 보관 용기 구비 확인		
	- CCP 모니터링 도구 사용 전/후 세척/소독 실시 확인		
	- 세척소독 기준 설정 및 준수 필요		
	- (관련일지) 일일위생관리 및 공정점검표 일지 기록 필요		
13. 원·부재료 입고 시 시험성적서를 수령하거나, 육안검사를 실시하여야 한다.	- 원/부재료 시험성적서(법적 규격) 연 1회 실시 확인		
	- 원/부재료 육안 검사 기준 설정 확인		
	- 원/부재료 매 입고시 육안검사 실시 확인		
	- 원료수불일지와 육안검사 일지 일치 여부 확인		
	- (관련일지) 육안검사 일지 작성 및 기록 필요		
14. 완제품에 대한 검사를 정해진 주기에 따라 실시하여야 하며, 기준 및 규격에 적합한 제품을 제조·판매하고 부적합 제품에 대한 회수관리를 하여야 한다.	- 생산일지에 제조일자 또는 유통기한 표시 확인		
	- 제품 거래기록서에 판매 제품의 유통기한 또는 제조일자 표시 확인		
	- 회수 조직도 작성 확인		
	- 부적합품 보관 장소 구비 확인		
	- 자가품질검사 준수 확인		
	- (관련일지) 회수관리 일지 기록관리 필요		
15. 식품안전과 관련된 소비자 불만, 이물 혼입 등 발생 시 개선조치를 실시하고, 그 결과를 기록·유지하는 등 식품위생법에서 정하는 준수사항을 지켜야 한다.	- 클레임 일지 작성 확인		
	- 이물관리 일지 작성 확인		
	- (관련일지) 클레임 및 이물관리 일지 기록관리 필요		

11.	HACCP관리기준 검증		제(개)정일자	2015.00.00

[예시] 최초검증 점검표

☐ HACCP 관리		적합	부적합
16. 중요관리점(CCP)을 결정하고, 한계기준을 설정하여 관리하여야 한다.	- CCP-1P 한계기준 설정 및 현장과 일치 여부 확인		
	- CCP-2B 한계기준 설정 및 현장과 일치 여부 확인		
	- CCP-1P 한계기준 유효성 평가 실험 실시 확인		
	- CCP-2B 한계기준 유효성 평가 실험 실시 확인		
	- (관련일지) 한계기준 설정 및 유효성 평가 기록 관리 필요		
17. 모니터링을 정해진 주기에 따라 실시하고, 그 결과를 기록·유지하여야 한다.	- 한계기준을 실측할 수 있는 모니터링 방법 설정 확인 : 주기 및 방법 설정		
	- 설정된 모니터링 방법이 현장의 모니터링 방법과 일치 여부 확인		
	- 모니터링 담당자 교육 실시 확인		
	- 모니터링 실시 확인		
	- (관련일지) 교육훈련 일지 관리 필요		
	- (관련일지) CCP-1P, CCP-2P 점검표 기록관리 필요		
18. 모니터링 기구·장비 등은 매년 유지·보수하거나 검·교정을 실시하여야 한다.	- CCP 모니터링 장비 구비 확인		
	- CCP 모니터링 장비 검교정 실시 확인		
	- (관련일지) 검교정일지 기록관리 필요		
19. 한계기준 이탈시 개선조치를 실시하고, 그 결과를 기록·유지하여야 한다.	- 한계기준 이탈 종류에 따른 개선조치 방법 설정 확인 : 최저치/최고치 이탈, 단기/장기 고장 시 등 세분화		
	- 모니터링 담당자 개선조치 방법 교육 실시 확인		
	- 한계기준 이탈 시 개선조치 실시 확인		
	- (관련일지) 교육훈련 일지 관리 필요		
	- (관련일지) CCP-1P, CCP-2P 점검표 기록관리 필요		
20. 중요관리점(CCP)에 대한 관리상황을 정해진 주기에 따라 검증하고, 그 결과를 기록·유지하여야 한다.	- 월 1회 CCP 검증 점검표 작성 확인		
	- 최초 검증 실시 확인		
	- 검증 후 개선조치 보고서 작성 확인		
	- (관련일지) CCP 검증 점검표 기록관리 필요		
	- (관련일지) 최초 검증 및 개선조치 보고서 기록관리 필요		

12.	**HACCP관리기준** 교육 · 훈련	제(개)정일자	2015.00.00

교육 · 훈련 계획 수립

○ 위생 식품안전 및 HACCP관련 교육 · 훈련에 대한 연간 계획을 수립하여 연간 교육 · 훈련 계획서를 작성한다.

☞ Tip ☜
자사 연간 교육 계획 수립하여 운영

교육 · 훈련의 실시 시기 및 교육내용

○ 일반 위생교육 및 HACCP 교육 (사내교육)

신입사원 입사 시, 월 1회 이상, 특이사항 발생 시 사내교육 실시

✔ 신입사원 입사 시, 월 1회 이상 일반위생관련 교육 · 훈련 실시, 교육훈련일지에 기록
  - 작업장 위생수칙, 종업원 준수사항 등 식품안전관련 일반위생교육 실시
  - HACCP 개요, 기준서 내용 등
✔ CCP담당자 및 점검담당자를 대상으로 월 1회 이상 CCP관련 사항 및 점검방법 등에 대한 교육 · 훈련을 실시, 교육훈련일지에 기록
✔ 필요 시 외부 기관 및 타 업체 견학 실시, 교육훈련일지에 기록

○ HACCP적용업소 교육훈련 법적사항

HACCP적용업소 신규교육 (시행규칙 제 64조 제1항, 제2항, 제3항)

✔ HACCP적용업소 영업자 및 종업원은 HACCP 적용업소 인증일로부터 6월 이내에 신규교육훈련을 이수 (다만, HACCP적용업소로 인증을 받기 위하여 인증 이전에 신규교육훈련을 이수한 영업자 및 종업원은 신규교육훈련을 받은 것으로 본다.)
  ① 영업자 교육 훈련: 2시간(식약처 지정교육)
  ② HACCP팀장 교육 훈련: 16시간(식약처 지정 교육)
  ③ HACCP팀원, 기타 종업원 교육 훈련: 4시간(자체)
  ※ 식품의약품안전처가 지정한 교육훈련 기관에서 교육 이수

HACCP적용업소 정기교육 (시행규칙 제 64조 제1항, 제2항)

✔ "HACCP 정기교육과정" 이수
  ① HACCP팀장 교육 훈련: 4시간(팀원 대체 가능)
  ② HACCP팀원, 기타 종업원 교육 훈련: 4시간(자체 교육 가능)
  ※ 식품의약품안전처가 지정한 교육훈련 기관에서 교육 이수
  ※ "HACCP팀장과정", "HACCP팀원과정" 과 교육내용이 다르므로 "HACCP 정기교육과정" 이수

선행요건관리기준 예시

선행요건관리

- 업 체 명 -

선행요건관리 목차	제(개)정일자	2015.00.00

[선행요건관리]

1. 제조공정 위생관리 ·································· 57

   1) 내포장 전 일반제조공정 ························ 57

   2) 내포장 청결제조공정 ·························· 62

   3) 내포장 후 일반제조공정 ······················ 64

2. 일반위생관리 ·································· 65

   1) 작업장/부대시설 관리 ························ 65

   2) 개인위생관리 ·························· 66

   3) 방충/방서관리 ·························· 69

   4) 이물관리 ································ 70

   5) 세척·소독관리 ·························· 72

   6) 입고·보관관리 ·························· 75

   7) 용수관리 ································ 76

   8) 제조시설관리 ·························· 76

   9) 회수관리 ································ 76

3. 위해요소 및 예방·제거방법 ························ 78

| 1. | **선행요건관리기준**
제조공정 위생관리 | 제(개)정일자 | 2015.00.00 |

1) 내포장(냉각) 전 일반제조공정

> ☐ "내포장 전 일반제조공정"은 내포장 후 살균공정에서 생물학적 위해요소(식중독균 등)가 제어되므로, 일반적인 위생관리 수준으로 관리하는 공정을 말한다.
> ☐ 해당공정 : 입고/보관, 불림, 해동, 세척, 계량, 데침 또는 세척, 배합, 충진, 증숙

■ 입고/보관 예시

○ 원·부재료 운송차량이 들어오면 원·부재료의 육안검사 등을 확인하고 정상제품만 해당창고에 입고일을 표시하여 입고·보관한다.
- 상온보관 원료는 입고검사 후 보관창고에 보관하여 사용한다.
  (실온제품 → 실온창고)
- 냉장/냉동보관 원료는 입고검사 시 온도 측정 또는 운반차량 온도기록지 확인 후 보관 창고에 보관하여 사용한다.
  (냉장제품 → 냉장창고, 냉동제품 → 냉동창고)

> ☞ Tip ☜ 정상적인 제품
> - 가공품: 제품의 보관 온도가 이탈되지 않고, 포장이 파손되어 있지 않으며
>   표시사항이 정상적으로 표시되어 있는 제품(육안검사 기준 적합)
> - 축산물/농산물: 선도가 유지되어 있는 제품, 포장이 훼손되지 않은 제품

○ 부적합제품의 경우 식별표시 후 반품 또는 폐기한다.

☞ 냉장, 냉동 원료가 온도기준이 이탈된 상태로 운송되거나 실온에서 오랫동안 방치될 경우 제품온도 상승으로 인해 세균이 증식될 수 있으므로 이에 대한 관리를 한다(온도 기록관리).

1.	**선행요건관리기준** **제조공정 위생관리**	제(개)정일자	2015.00.00

◩ 불림 예시

○ 이격관리가 된 당면을 용기(불림기)에 담아 일정시간 물에 불린다.
  - 온도 : 10~25℃, 시간 : 6~7시간
  - 용수는 매 배치별 교체
  - 당일 불린 당면은 당일 소진

☞ 불림공정은 종업원이 직접 실시하는 작업으로 종업원의 부주의, 사용 용수의 교체 주기 및 용기의 세척·소독 미흡, 불린 당면의 사용 소진 시간 지연 등으로 식중독균의 증식과 교차오염, 이물혼입 우려가 있으므로 숙련된 종업원을 배치하여 공정을 준수하도록 관리한다.

◩ 해동 예시

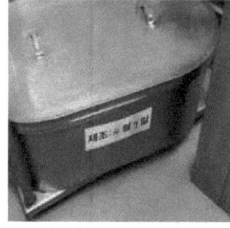

○ 냉동으로 입고/보관 된 돈지 및 돈육을 당일 사용할만큼 꺼내어 해동실 또는 해동장소에서 해동한다.(냉동제품을 사용하는 경우만 작성)
  - 온도 : 0~10℃, 시간 : 24시간 이내 해동

☞ 해동 시에는 내포장 비닐이 혼입되지 않게 주의하여 작업하고, 해동 후 포장 비닐이 찢어져 돈지 및 돈육 속에 파묻힌 부분이 있는지 확인한다.

| 1. | 선행요건관리기준
제조공정 위생관리 | 제(개)정일자 | 2015.00.00 |

■ 세척/전처리 예시

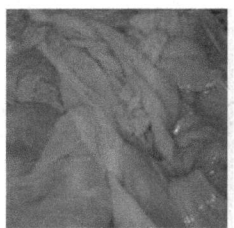 

○ 이물 등이 부착되어 있거나, 운송 중 충돌 등에 의한 짓무름 등이 발생되므로, 이 공정을 통해 비가식 부위 제거, 포장재 및 외피 탈피, 정선된 원료를 세척한다. 또한 필요에 따라 선별대에서 전수 검사를 실시한다
- 돈소장(소창) : 시간 : 1~2분, 세척수 온도 : 10~25℃
- 농산물 : 세척조에 넣고, 손으로 5회 이상 표면을 문지르며 물과 강하게 마찰시켜 세척한 후, 행굼조에 넣어 행군 후 탈수바구니에서 물기를 제거한다.

☞ 세척/전처리 공정은 축산물 및 농산물에 묻어있는 오염물질(이물 등)을 제거하는 작업이다. 종업원이 작업 기준을 준수하지 않고 작업을 실시하거나, 개인위생을 준수하지 않은 상태로 작업에 임할 경우, 병원성대장균, 살모넬라균, 바실러스균, 황색포도상구균 등 식중독균에 오염될 수 있다.

■ 계량 예시

○ 분말원료, 액상원료, 식품첨가물 등은 제품별 배합비율에 맞도록 각각 계량하여 배합기에 담는다.
- 사전 소분 또는 계량하여 보관하는 경우 용기에 가공일을 표기한다.
- 냉장보관 된 선지는 계량하여 작업 투입 시 상온에서 2시간 이내 소진.

☞ 계량공정은 종업원이 직접 실시하는 작업으로 종업원의 부주의로 식중독균의 교차오염, 사용도구에 의한 이물 등의 혼입우려가 있으므로 숙련된 종업원을 배치하여 철저히 관리한다.

| 1. | 선행요건관리기준
제조공정 위생관리 | 제(개)정일자 | 2015.00.00 |

■ 데침 또는 세척, 선별 예시

  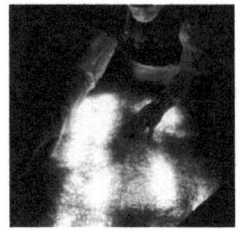

○ 냉수에 불린 당면을 더운물에 넣고 데침 또는 세척을 실시하여 이물질을 제거한 후 당면에 이물이 있는지 육안으로 선별한다.
 - 온도 : 50℃~60℃, 시간 : 1~2분
 - 참고 : 일반적인 선별대 조도는 540 lux이상
 - 용수는 매 배치별 교체
 - 데침 또는 세척한 당면은 당일 소진

☞ 데침 또는 세척공정은 종업원이 직접 실시하는 작업으로 종업원의 부주의, 사용 용수의 교체 주기 및 용기의 세척·소독 미흡, 당면의 사용 소진 시간 지연 등으로 식중독균의 증식과 교차오염, 이물혼입 우려가 있으므로 숙련된 종업원을 배치하여 공정을 준수하도록 관리한다.
☞ 선별 공정은 동일 작업자가 연속하여 선별하는 경우 눈의 피로도 증가 등으로 선별효과가 저하되므로 휴식시간 또는 작업자 교체 등으로 관리한다.

■ 배합 예시

○ 당면과 계량된 부원료를 배합기에 넣고 충분히 혼합한다.
 - 배합된 원·부재료는 20분 이내 소진하도록 한다

☞ 배합작업은 주로 믹서기(배합기)를 이용하여 작업이 이루어지며 믹서기(배합기) 노후 및 파손으로 인해 금속 파편이 제품에 혼입될 수 있으므로 믹서기(배합기)는 매일 노후 상태나 파손된 부위가 없는지 확인·관리한다.

| 1. | **선행요건관리기준**
제조공정 위생관리 | 제(개)정일자 | 2015.00.00 |

■ 충진 예시

○ 충분히 배합된 재료를 충진기계 또는 충진도구를 이용하여 돈소장(소창)에 충진한다.
 - 충진된 공정품은 20분 이내 증숙 또는 자숙 공정을 실시한다

☞ 충진 공정은 종업원이 직접 실시하는 작업으로 도구의 세척·소독 미흡, 사용 소진 시간 지연 등으로 식중독균의 증식과 교차오염, 이물혼입 우려가 있으므로 숙련된 종업원을 배치하여 공정을 준수하도록 관리한다.

■ 성형(증숙 또는 자숙) 예시

○ 충진이 완료된 순대를 증숙기에 넣어 성형을 한다.
 - 증숙 온도 : 00~00℃, 시간 : 00~00분

☞ 증숙기의 고장이나 공정 기준이 준수되는지 확인·관리한다
☞ 스팀관리를 위해 배관 청소에 사용되는 청관제는 식품첨가물 또는 물질안전보건자료(MSDS)에 등록된 것을 사용

1.	**선행요건관리기준** **제조공정 위생관리**	제(개)정일자	2015.00.00

2) 내포장(냉각) 청결제조공정

☐ "냉각공정, 내포장 공정"은 작업자 및 제조시설을 통한 이물 혼입을 막기 위해 보다 청결한 수준으로 관리하는 공정을 말하며, 안전한 제품을 생산하기 위해 가장 중요한 공정이다.

※ 일반 제조공정 작업장과 청결 제조공정 작업장은 분리·구획을 원칙으로 하며, 부득이한 경우 교차오염의 방지를 위해 공정간 시간차를 두고 각 공정 사이 세척·소독을 실시하는 등의 조치를 하여야 한다.

☐ 작업자는 머리카락, 실, 끈 등의 이물질이 존재할 수 있고 세척·소독이 불충분하게 이루어진 설비에 의해 교차오염이 발생할 수 있다.

☐ 순대류의 내포장공정은 작업자로부터 발생할 수 있는 이물을 제어하기 위한 개인위생관리를 철저히 하고, 제조시설의 충분한 세척·소독관리를 통해 공정을 관리한다.

☐ 내포장 후 공정 중 금속검출공정은 원·부재료에서 유래될 수 있거나, 제조공정 중에 혼입될 수 있는 금속이물을 관리하기 위한 중요관리점(CCP)이다.

☐ 해당공정 : 냉각, 내포장, 금속검출

■ 냉각 예시

○ 냉수로 1차 식힘이 된 제품을 냉각실로 이동하여 종업원이 냉각이 용이하도록 모양을 만들어 냉각기에 넣는다.
- 냉각수 온도 : 15℃이하, 팬냉각 25~35분
- 용수는 매 배치별 교체

☞ 냉각 공정은 종업원이 직접 실시하는 작업으로 종업원이 개인위생을 준수하지 않은 상태로 작업에 임할 경우와 냉각수의 교체 주기 및 냉각기의 세척·소독 미흡 등으로 이물 및 병원성대장균, 황색포도상구균 등의 식중독균을 오염시킬 수 있으므로 종업원은 반드시 개인위생을 준수하고 수시로 소독을 실시하여야 한다. 또한 종업원은 마스크, 1회용 장갑 등을 착용하고 작업하도록 한다.

| 1. | **선행요건관리기준**
제조공정 위생관리 | 제(개)정일자 | 2015.00.00 |

◼ 내포장 예시

 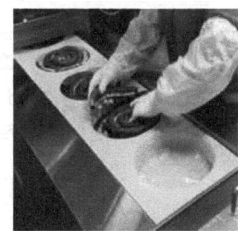

○ 냉각 및 건조가 된 순대를 저울을 이용하여 정량 계량한 후 진공포장기를 이용하여 진공포장한다.

☞ 내포장 공정은 종업원이 직접 실시하는 작업으로 종업원이 개인위생을 준수하지 않은 상태로 작업에 임할 경우 이물 및 병원성대장균, 황색포도상구균 등의 식중독균을 오염시킬 수 있으므로 종업원은 반드시 개인위생을 준수하고 수시로 소독을 실시하여야 한다. 또한 종업원은 마스크, 1회용 장갑 등을 착용하고 작업하도록 한다.

◼ 금속검출 예시

○ 내포장 후 금속검출기를 통과하면서 Fe, STS 등을 검출한다.
  세부적인 내용은 중요관리점(금속검출공정) 내용과 같다.

| 1. | **선행요건관리기준**
제조공정 위생관리 | 제(개)정일자 | 2015.00.00 |

3) 내포장 후 일반제조공정

☐ "살균 후 일반제조 공정"이란 내포장 공정 후 더 이상 교차오염이 되지 않도록 차단된 상태에서 살균 공정에서 생물학적 위해요소(식중독균)를 제어하고, 냉각하여 진행하는 공정이기 때문에, 일반적인 위생관리 수준으로 관리하는 공정을 말한다.

※ 일반 제조공정 작업장과 청결 제조공정 작업장은 분리·구획을 원칙으로 하며, 부득이한 경우 교차오염의 방지를 위해 공정간 시간차를 두고 각 공정사이 세척·소독을 실시하는 등의 조치를 하여야 한다.

☐ 순대류의 살균공정은 원·부재료에서 발생할 수 있는 식중독균을 제어하기 위한 중요관리점(CCP)으로 살균온도, 살균시간, 살균 후 품온을 통해 공정을 관리한다.

☐ 해당공정 : 살균, 냉각, 외포장, 냉동/냉동 보관 및 출고

■ 살균 예시

○ 내포장된 제품을 살균기에 넣어 살균한다.
 - 온도 : 96~99℃, 시간 : 컨베이어 형태 → 00rpm(00분~00분), 정치식 형태 → 15분~20분, 살균 후 품온 : 70~85℃
  세부적인 내용은 중요관리점(살균공정) 내용과 같다.

■ 냉각 예시 : 살균된 제품을 온도 : 20℃ 이하에서 20~30분간 냉각한다.
■ 외포장 예시 : 냉각된 제품을 외포장실로 이송하여 외포장 상자(골판지)에 포장한다.
■ 냉장/냉동 보관 예시 : 외포장된 제품을 냉동실로 이송하여 -18℃이하에서 냉동(냉장은 0~10℃)한다.
■ 출고 예시 : 보관 중인 완제품을 냉장(10℃이하) 또는 냉동(-18℃이하) 차량을 이용하여 출고한다.

| 2. | **선행요건관리기준**
일반위생관리 | 제(개)정일자 | 2015.00.00 |

1) 작업장/부대시설 관리

○ 작업장 재질
  - 작업장 등의 바닥, 벽, 천장, 출입문, 창문 등은 작업 특성에 따라 내수성, 내부식성 재질을 사용하여야 한다.
  - 천장, 벽, 바닥은 균열이 발생(구멍, 틈 등)하거나 파손된 부분이 없어야 한다.
  - 바닥은 주기적으로 물기를 제거하여 마른 상태를 유지한다.
  - 바닥 및 배수로 등은 찌든 때, 퇴적물 등이 쌓여 있지 않도록 청결하게 관리한다.

○ 제조과정상 발생할 수 있는 오염을 최소화하기 위해 청결구역을 분리한다. 청결구역은 냉각공정 이후부터 내포장 공정까지가 해당된다. 분리가 어려울 경우 청결구역의 위치를 정하여 바닥 등에 선을 이용하여 구분한다. 이 경우에는 청결구역작업과 다른 작업이 동시에 이루어지지 않도록 시간차를 두어 교차오염이 발생하지 않도록 관리한다.

○ 작업장 내에서 옷을 갈아입게 되면 제품에 이물이 혼입되거나, 식중독균이 교차오염될 수 있기 때문에, 작업장 외부에 옷을 갈아입을 수 있는 공간을 정한다. 또한 일반 외출복장과 깨끗한 위생복장을 같은 공간에 보관할 경우 교차오염이 발생할 수 있기 때문에 구분하여 보관한다.

| 2. | **선행요건관리기준**
일반위생관리 | 제(개)정일자 | 2015.00.00 |

2) 개인위생관리

○ 종사자는 작업장 출입 전에 위생복장【(위생복, 위생모자, 위생화, 마스크(필요시)】을 착용한다. 작업장 입실 시에는 이물제거장치(진공흡입기, 끈끈이롤러 등)를 이용하여 위생복장에 붙어 있는 이물(머리카락, 실 등)을 제거하고, 손으로부터의 교차오염을 방지하기 위해 손세척, 손소독을 실시한다. 청결구역 위생복장을 착용한 상태에서는 제조 외의 식사, 화장실출입, 운동, 외출 및 출퇴근 등 다른 활동을 금지하고 이를 철저히 관리하여야 한다.

○ 제품에 이물로 혼입될 수 있는 반지, 귀걸이, 시계 등 개인장신구, 담배, 필기구, 핸드폰 등 개인소지품 및 클립, 스테이플러, 커터칼 등 사무용품은 작업장 입실 시 소지하지 않는다.

○ 원료나 제품을 직접 접촉하는 종사자는 정기적인 건강검진을 받아야 하고, 설사, 복통, 외상, 염증이 있을 경우에는 식품 제조 작업에 투입시키지 않는다.

○ 손과 손톱에는 많은 식중독균이 존재할 수 있기 때문에 교차오염 방지를 위해 항상 청결히 관리한다. 특히 청결구역 종사자는 작업 중 수시로 손, 팔 등을 소독액으로 소독한다.

○ 제품에 교차오염이 발생하는 것을 방지하기 위해 종사자는 귀·입·코·머리와 같은 신체부위를 만지거나 긁은 경우, 깨끗하지 않은 기구와 작업표면, 불결한 옷이나 행주, 걸레 등을 만졌을 경우, 작업하는 품목이 변경되었을 경우 등에는 다음과 같은 요령에 따라 손세척 및 소독을 실시하여야 한다.

대상	부위	세척 또는 소독방법	주기
종사자	손	☞ 물을 사용하여 비누거품을 내어 30초 동안 팔과 손, 손가락 사이를 문질러 닦는다. ☞ 손톱 브러쉬로 손톱 사이를 문지른다. ☞ 흐르는 물에 충분히 세척한다. ☞ 세척된 손을 건조기로 건조한다. ☞ 소독제를 분무하여 살균된 상태에서 작업에 임한다.	수시

○ 화장실은 대장균 등 많은 식중독균이 존재할 수 있는 곳으로 작업장에 오염되지 않도록 관리하고, 이용 후 손에 묻어 있는 세균 등의 제거를 위해 반드시 손세척·소독을 실시해야 한다.

| 2. | 선행요건관리기준 일반위생관리 | 제(개)정일자 | 2015.00.00 |

○ 구역별 착용 기준 예시

		청결구역	일반구역	외포장실, 공무, 자재	외부인
착용모습					
착용품	위생복	○	○	○	○(방문자용)
	위생모	○	○	○	○
	위생화	○	○	○(형광이신발)	○(덧신 또는 방문자용)
	앞치마	○	○	-	-
	위생장갑	○	○	-	-
	면장갑	×	○(위생장갑 안)	-	-
	마스크	○	필요시(청결 출입시 착용)	필요시(청결 출입시 착용)	필요시(청결 출입시 착용)
세척/소독	위생복	주 2회	주 1회	주 1회	1회 사용 후 교체
	위생모	주 2회	주 1회	주 1회	
	위생화	입실 시, 작업 중 소독 퇴실 시 세척/소독	입실 시, 작업 중 소독 퇴실 시 세척/소독	퇴실 시	1회용 또는 주 1회
	앞치마			-	-
	위생장갑			-	-
	면장갑	-	매일	-	-
	마스크	1회용	1회용	1회용	1회용

○ 작업장 기본 입실 기준 예시

위생복, 위생모 이물제거	손세척 및 건조	입실 및 손소독
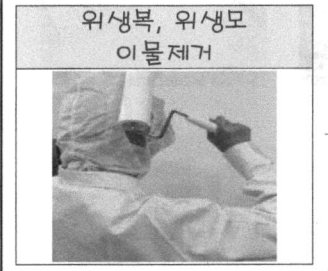		

○ 이물제거 도구 사용방법 예시

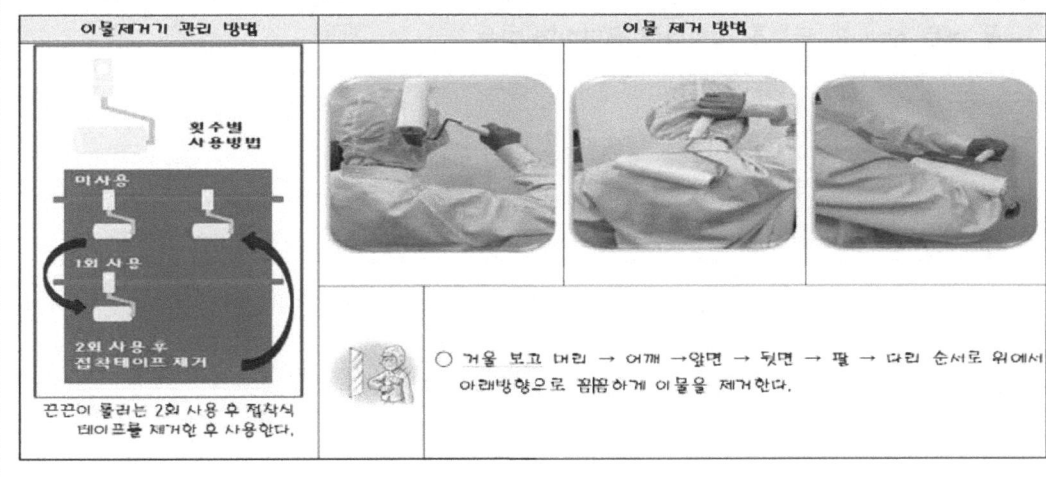

○ 거울 보고 머리 → 어깨 → 앞면 → 뒷면 → 팔 → 다리 순서로 위에서 아래방향으로 꼼꼼하게 이물을 제거한다.

| 2. | **선행요건관리기준**
일반위생관리 | 제(개)정일자 | 2015.00.00 |

○ 손세척, 건조, 소독방법 예시

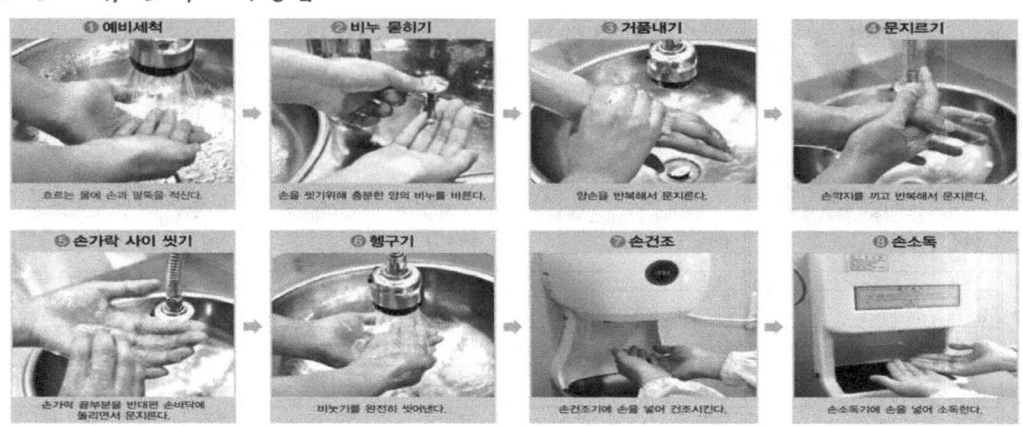

○ 위생장화 세척방법 예시

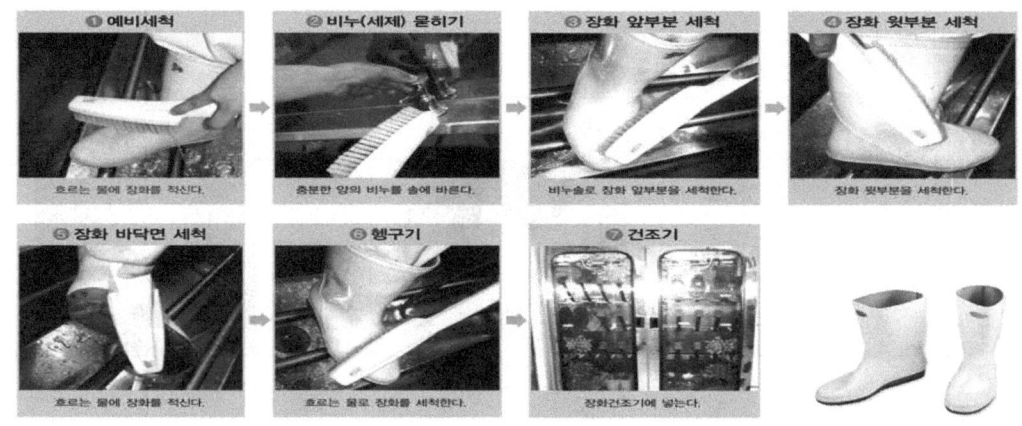

※ 손건조기, 손소독기 및 장화건조기는 예시 제품을 구매해야하는 것이 아니라 동일한 역할을 하는 장비 및 도구를 설치하여 운영하면 가능

| 2. | 선행요건관리기준
일반위생관리 | 제(개)정일자 | 2015.00.00 |

3) 방충/방서관리

○ 해충의 서식 방지를 위해 작업장 주변에 음식물폐기물(음식물이 묻어 있는 폐포장재 포함)이 방치되지 않도록 관리하고, 작업종료 후에 폐기물처리업체를 통해 폐기물을 처리한다. 주기적으로 폐기물 제거가 어려운 경우에는 폐기물을 밀폐하여 보관하고, 방역작업을 실시하여 해충이 번식되지 않도록 한다.

○ 해충이 제품에 혼입되는 것을 방지하기 위해 작업장(출입문, 창문, 벽, 천장 등)은 해충이나 설치류가 침입하지 못하도록 관리하고, 환기시설이 가동 되지 않을 때 해충이나 설치류가 유입되지 않도록 방충망 등을 이용하여 관리한다.

○ 작업장에는 포충등(일반작업장 내부), 바퀴트랩(일반작업장 내부), 페로몬패치트랩(일반작업장 내부) 및 쥐덫(일반작업장 내·외부 및 창고) 등을 설치하여 유입된 해충이나 설치류의 개체수를 확인·점검한다. 개체수가 평소보다 많이 발생한 경우 작업장의 전체적인 밀폐여부를 확인·점검 및 개선조치하고, 작업장 배수로 청소 등을 실시하거나, 작업장 및 작업장 주변에 대한 방역을 실시한다.

○ 방충·방서 모니터링 관리 기준 예시

구분		비래해충 개체수	보행해충 개체수	설치류	조치사항
1단계	청결	1~5	1~5	1	■ 각 출입문 상/하, 좌/우 틈새 밀폐 확인 ■ 창문 밀폐 및 창문 배수구멍 밀폐확인 ■ 문 열고 작업 중이었는지 확인 ■ 방충/방서 설비 점검
	일반	1~7	1~7		
2단계	청결	6~8	6~8	2~3	■ 각 출입문 상/하, 좌/우 틈새 밀폐 확인 ■ 창문 밀폐 및 창문 배수구멍 밀폐확인 ■ 문 열고 작업 중이었는지 확인 ■ 방충/방서 설비 점검 ■ 서식장소 및 취약지역 확인
	일반	8~12	8~12		
3단계	청결	8이상	8이상	3 이상	■ 각 출입문 상/하, 좌/우 틈새 밀폐 확인 ■ 창문 밀폐 및 창문 배수구멍 밀폐확인 ■ 문 열고 작업 중이었는지 확인 ■ 방충/방서 설비 점검 ■ 서식장소 및 취약지역 확인 ■ 구제 실시
	일반	12이상	12이상		
단독 개체수 증가	청결	7이상	7이상	3 이상	■ 각 출입문 상/하, 좌/우 틈새 밀폐 확인 ■ 창문 밀폐 및 창문 배수구멍 밀폐확인 ■ 문 열고 작업 중이었는지 확인 ■ 방충/방서 설비 점검 ■ 서식장소 및 취약지역 확인 ■ 구제 실시
	일반	12이상	12이상		
작업장 주변				1	■ 서식장소 및 취약지역 확인 ■ 구제 실시

2.	**선행요건관리기준** **일반위생관리**	제(개)정일자	2015.00.00

4) 이물관리

○ 작업 중 이물의 혼입여부 및 공정품의 정상유무를 확인하기 위해 육안선별 공정의 조도는 540Lux 이상으로 유지하고, 조명장치의 파손에 의해 식품이 오염되지 않도록 보호장치(보호커버 등)를 설치한다.

○ 작업도구 및 제조설비에 대해 파손여부를 매일 작업 전·후에 점검하여 관리하고, 파손되었을 경우 제품에 이물이 혼입되지 않도록 즉시 보수하거나 교체한다. 또한 작업 후에 매일 설비에 붙어 있는 볼트, 너트 등의 개수를 확인하여 제품에 혼입 여부를 확인한다.

○ 구동부위(베어링)에 사용하는 윤활유 등은 제품에 혼입될 수 있으므로 노출되지 않도록 보호커버 등을 설치하고, 제조설비의 관리 미비 시 발생하는 탄화물, 기름때, 녹 등이 제품에 혼입될 수 있으므로, 혼입 방지를 위해 매일 청소·소독을 실시한다.

2.	**선행요건관리기준** 일반위생관리	제(개)정일자	2015.00.00

○ 이물관리 계획 예시

구분	이물	이물관리계획
① 원료중의 이물 방지	- 노끈 - 연질성 플라스틱 - 금속조각 - 돌	- 농산물 등은 세척공정을 통하여 이물을 제거한 후 사용한다. - 원료는 계량 시 육안확인 후 사용한다. - 이물 혼입 우려가 높은 원료는 제조종업원에 의하여 전수 선별을 실시한다.
② 원료계량 중의이물 혼입 방지	- 머리카락 - 손톱 - 플라스틱조각 - 벌레 등	- 계량 용기 등은 이물혼입을 방지하기 위하여 파손이 없어야 함 - 개봉 된 원재료 등은 밀봉, 뚜껑, 커버 등을 사용함
③ 종업원에 의한 이물 혼입 방지	- 머리카락 - 손톱 - 비닐 - 실 등	작업 전 - 종업원 소지품 혼입 제조실 입실 전 개인 사물 등을 보관함에 보관 입실한다. - 이물로 혼입이 될 우려가 높은 도구는 작업실에 비치하지 않는다. - 종업원 모발, 체모 등의 혼입되지 않도록 위생복 착용 전 빗질을 하여 모발이 자연적으로 탈락되지 않도록 관리. - 종업원은 반드시 모자 착용 전에 머리를 묶거나 핀으로 고정하며, 모자는 머리 전체를 덮을 수 있는 형태로 착용한다. - 위생복은 이물 및 체모 발생이 되지 않는 형태로 착용한다. - 종업원은 작업실 입실 전 끈끈이 롤러 등을 사용하여 모발 등을 제거한 후 입실한다.
④ 작업중 이물혼입 방지	- 머리카락 - 손톱 - 볼트 - 금속조각 - 실 - 경질플라스틱 - 연질플라스틱 등	작업 중 - 복장의 상호점검 및 끈끈이 롤러 실시를 주기적으로 실시. - 목장갑 등은 반드시 고무장갑 등을 겉에 착용 후 사용한다. - 1회용 비닐장갑 등을 교환할 때는 반드시 파손이 없는지를 확인한다. - 금속제 수세미 등은 사용하지 않는다. - 기계류에 대한 점검을 정기적으로 실시하여 느슨하여 탈락의 우려가 있는 나사류 등은 미리 조이고 파손우려가 있는 네트 등은 교체. - 기계류 등을 분해하여 세척하거나 정비할 경우는 분해한 나사, 볼트 등의 숫자를 확인하여 누락되는 것이 없도록 한다. - 제조 설비 등의 청소를 주기적으로 실시하여 축적된 탄화물, 기름때, 녹 등이 혼입되지 않도록 한다.
④ 해충에 의한 혼입방지	- 파리 - 모기 - 나방 - 기타 해충 등	- 작업실 주변의 해충의 서식지를 방지하기 위하여 환경 정리 및 청소를 주기적으로 실시하여 쓰레기, 덤불, 물 웅덩이, 불용품 등이 방치되지 않도록 청결하게 관리한다. - 해충의 작업실 내 침입을 방지하기 위하여 건물 및 출입문 등에 구멍, 틈새 등을 막아 밀폐성을 강화한다. - 작업실 외부로 연결되는 출입구 등은 항상 닫혀 있도록 유지한다. - 작업실 및 배수구 등 청소관리를 철저히 하여 제조실 내부에서 해충이 발생하거나 서식하지 않도록 한다. - 작업실 내에 포충등 등 포획 장비를 설치하여 포획결과 등을 기록, 관리하고 이상 발생 시 필요한 조치를 실시한다. - 주기적으로 작업실 내 해충 서식흔적을 확인하고 정기적인 방제를 실시한다.

2.	**선행요건관리기준** 일반위생관리	제(개)정일자	2015.00.00

5) 세척 · 소독관리

○ 작업장, 제조설비 및 제조도구 등에 존재하는 식중독균은 제품에 교차오염 될 수 있기 때문에, 대상별로 주기적인 세척 · 소독이 필요하다. 종사자는 아래의 방법에 따라 세척 · 소독을 실시한다.

대상	부위	세척 또는 소독방법	주기
작업장	바닥, 벽, 천장, 환기시설, 조명시설	☞ 빗자루나 진공청소기로 찌꺼기, 이물 등을 제거한다. ☞ 세제를 사용하여 세척 후 헹군다. (조명시설 제외) ☞ 건조한다. (조명시설 제외) ☞ 소독제를 사용하여 분무, 소독한다. (조명시설 제외)	바닥: 1회/일 벽: 1회/주 이외: 1회/월
위생복	전체	☞ 세제를 사용하여 세탁한다. ☞ 건조한다.	1회/주
제조설비 및 도구	제품접촉면 내부 외부	☞ 면포로 찌꺼기, 이물 등을 제거한다. ☞ 세제를 이용해 세척한다. ☞ 건조한다. ☞ 식품이 접촉하는 부분은 소독제를 사용하여 분무, 소독한다.	제품접촉면 1회/일 내부, 외부 1회/주
냉장 냉동 창고	내부 냉각기	☞ 빗자루로 성에, 이물 등을 제거한다. ☞ 냉각기 팬을 세제로 세척한다. ☞ 건조한다. ☞ 소독제를 사용하여 분무, 소독한다.	내부 1회/주 냉각기 1회/년
모니터링장비 (온도계 등)		☞ 물에 씻은 행주로 깨끗이 닦아낸다. ☞ 건조한다. ☞ 소독제를 사용하여 분무, 소독한다.	사용전후

2.	선행요건관리기준 일반위생관리	제(개)정일자	2015.00.00

○ 순대류 세척·소독 기준 예시
 - 작업실 및 부대시설 세척/소독기준

대상	세척 또는 소독방법	사용도구	주기	담당자
바닥	- 빗자루로 쓰레기 제거 - 세척제를 뿌린 뒤 대걸레나 솔로 바닥 구석구석을 문지르기 - 호스로 물을 끼얹어 세척액을 제거 - 바닥의 물기 제거 - 바닥 등의 소독제를 사용하여 소독	빗자루, 청소솔, 세제, 분무기(소독수)	1회/일	현장 종업원
내벽	- 세제를 묻힌 청소용 행주로 이물질을 제거 - 젖은 청소용 행주로 세제를 닦아내기	청소용 행주, 세제,	1회/주	현장 종업원
배수구	- 배수로 덮개 걷어내기 - 배수로 덮개는 세척하고 깨끗한 물로 씻어내기 - 호수의 분사력을 이용하여 배수로 내 찌꺼기 제거 - 솔을 이용하여 닦은 후 물로 씻어내기 - 배수구 뚜껑을 열고 거름망을 꺼내어 이물 제거 - 거름망과 뚜껑 내부를 세척제로 세척 후 물로 헹구기	청소솔, 세제, 수세미	1회/2일	현장 종업원
배기 후드	- 청소 전 후드 아래의 조리기구는 비닐로 덮기 - 후드 내 거름망 떼어내기 - 거름망은 세척제에 불린 후 세척 헹굼 - 수세미에 세척제를 묻혀 후드 내·외부 닦기	비닐, 세제, 수세미	1회/주	현장 종업원
천장	- 전기함 차단 및 조리기구 비닐 등으로 덮기 - 솔 등을 사용하여 먼지 및 이물제거 - 청소용 행주를 세척제에 적셔 닦기 - 청소용 행주를 깨끗한 물에 적셔 닦은 후 자연건조	청소솔, 청소용 행주, 세제	1회/주	현장 종업원
조명 시설	- 청소용 행주로 먼지, 검은 때 등을 제거	청소용 행주	1회/월	현장 종업원
세면대	- 세면대 배수구에서 찌꺼기 제거 - 세척제로 수도꼭지를 포함한 표면을 세척 후 헹굼 - 세면대 주위에 있는 손소독기 등 표면도 세척	청소용 행주, 세제,	1회/월	현장 종업원
쓰레기통	- 쓰레기 비우기 - 쓰레기통 및 뚜껑을 세척제로 세척 - 흐르는 물로 헹군 후 뒤집어서 건조	청소솔, 세제	1회/일	현장 종업원
세척소독도구 (청소도구)	- 세제를 묻힌 수세미를 사용하여 이물질 제거하고 물로 세척 - 소독수를 분무	세제, 수세미, 분무기(소독수)	1회/주	현장 종업원
옷장	- 옷장 내부와 외부의 먼지를 청소용 행주로 닦아내기	청소용 행주	1회/주	현장 종업원
신발장	- 신발장 내부와 외부의 먼지를 청소용 행주로 닦아내기	청소용 행주	1회/주	현장 종업원

2.	선행요건관리기준 일반위생관리	제(개)정일자	2015.00.00

○ 순대류 세척·소독 기준 예시
 - 시설, 설비, 도구 세척/소독 기준

대상	부위	세척 또는 소독방법	사용도구	주기	담당자
냉장· 냉동고, 보온고	내부, 외부 동력부분, 손잡이, 선반 등	- 전원을 차단하고 식재료를 모두 제거 - 선반을 분리하여 세척제로 세척·헹굼 - 흐르는 물로 내부 세척, 성에 등 제거 - 수세미에 세척제를 묻혀 냉장고 내벽, 문을 닦은 후 젖은 행주로 세제를 닦아냄 - 마른 행주로 닦아 건조시킴	세제, 수세미, 행주	1회/ 2일	현장 종업원
소규모 공정 기구류 (칼, 도마, 국자, 가위, 끌대 등)	상단 하부	- 찌꺼기 제거 후 세척 - 기구 등의 소독제를 분무 후 각 보관함에 보관 및 살균	세제, 수세미, 분무기(소독수)	사용 시 마다	현장 종업원
작업대	상단 하부	- 찌꺼기 제거 및 세척 - 개수대 내부 외부 세척제로 세척 - 흐르는 물로 내부 세척 - 흐르는 물에 헹군 후 소독	수세미, 분무기(소독수)	1회/일	현장 종업원
배합기	상단 하부	- 찌꺼기 제거 및 세척 - 개수대 내부 외부 세척제로 세척 - 흐르는 물로 내부 세척 - 흐르는 물에 헹군 후 소독	수세미, 분무기(소독수)	1회/일	현장 종업원
충진기	상단 하부	- 수세미를 이용하여 세척제로 세척 - 흐르는 물에 헹굼 - 흐르는 물로 내부 세척 - 소독수 분무	세제, 수세미, 분무기(소독수)	1회/일	현장 종업원
증숙기	내부,외부 동력부분, 바퀴 등	- 호스 분사력으로 찌꺼기 제거 - 수세미에 세척제 묻혀 문지르기 - 흐르는 물로 헹구기	세제, 수세미	사용 시 마다	현장 종업원
컨베이어	상단 하부	- 호스 분사력으로 찌꺼기 제거 - 깨끗한 행주를 적셔서 닦기	세제, 수세미	1회/ 3일	현장 종업원
진공포장기	외부	- 깨끗한 행주를 적셔서 닦은 후 소독수 분무	행주 분무기(소독수)	사용 시 마다	현장 종업원
금속검출기	외부	- 깨끗한 수건을 적셔서 닦은 후 소독수 분무	행주, 분무기(소독수)	사용 시 마다	현장 종업원
대차	상단 하부	- 수세미에 세척제 묻혀 문지르기 - 호스 분사력으로 찌꺼기 제거 및 헹굼 - 소독수를 분무	세제, 수세미, 분무기(소독수)	사용 시 마다	현장 종업원
가구	상단 하부	- 오수 분사력으로 찌꺼기 제거 - 흐르는 물로 헹구기 - 소독수를 분무	세제, 수세미, 분무기(소독수)	사용 시 마다	현장 종업원
에어커튼	내부, 외부	- 청소기 흡인력으로 먼지 및 이물제거 - 깨끗한 수건을 적셔서 닦은 후 소독수 분무	청소기, 분무기(소독수)	사용시 마다	현장 종업원

| 2. | **선행요건관리기준**
일반위생관리 | 제(개)정일자 | 2015.00.00 |

6) 입고 · 보관관리

○ 냉장/냉동 원·부재료는 도착 즉시 검수를 실시하여 상온에 장시간 방치되지 않도록 하고, 검수가 종료되면 품목별 저장조건에 따라 신속히 냉장/냉동창고 등으로 운반·보관한다.

보관조건	기준 이탈시 조치사항
냉장 : 0~10℃ 냉동 : -18℃ 이하	☞ 온도기준 이탈시 보관된 원료 및 제품을 정상 작동되는 냉장고로 이동시키고 온도를 재조정 한 뒤 보관토록 한다. ☞ 이때 기준이탈시 보관되었던 원료 및 제품은 자체검사 후 품질에 이상이 있을 시 폐기조치 한다.
영업용 냉장고 등을 사용하는 경우는 별도 온도계를 부착하여 관리	

○ 원·부재료 입고 시 자가품질검사서 등 시험성적서 수령이 가능한 품목은 시험성적서를 통한 입고검사를 실시하고, 농산물 등 시험성적서 수령이 어려운 품목의 경우 육안(관능)검사를 실시한다.

○ 유통기한이 경과하였거나 시험성적서 부적합 제품, 육안검사 결과 상태가 부적합한 원·부재료는 즉시 반품 등의 조치를 취하고, 동일한 사항이 재발생 시 구입처 변경 등 대책을 마련한다.

○ 종사자는 냉장/냉동창고의 온도를 관리계획에 따라 주기적으로 확인하며, 온도가 한계기준에 이탈하였을 경우에는 즉시 원인을 찾아 개선한다.

○ 원·부재료의 교차오염을 방지하기 위해 품목별(농산물, 가공품 등)로 가능한 한 각각 분리·보관한다. 분리보관이 어려울 경우 서로 교차오염이 되지 않도록 충분히 이격시켜서 구분·보관한다.

○ 개봉한 원·부재료가 개봉하지 않은 원·부재료 및 주변 환경으로부터의 교차오염을 방지하기 위해 밀봉하여 보관한다.

○ 원·부재료 및 완제품은 제품별 보관기준에 따라 구분 보관하고 선입·선출하며, 회수상황이 발생할 경우를 대비하여 판매처, 연락처 등을 정확히 파악하여 관리하여야 한다.

| 2. | **선행요건관리기준**
일반위생관리 | 제(개)정일자 | 2015.00.00 |

7) 용수관리

○ 사용수는 매일 살균·소독·여과 등 정수처리 상태를 확인한다(지하수).

○ 사용수는 제조과정에서 사용되는 용수의 안전성 확인을 위해 월 1회 먹는 물 관할 상수도사업소의 관리 상태를 확인하여야 한다(상수도).

○ 제조과정에서 사용되는 용수의 안전성 확인을 위해 연 1회 먹는 물 관리법 항목에 대한 용수검사를 실시하여야 한다(지하수를 사용하는 경우에 한함).

○ 별도의 용수저장탱크가 있는 경우 저장탱크로 부터의 교차오염을 방지하기 위해 인체에 유해하지 않은 재질을 사용하며 누수 및 오염 여부를 확인하고 반기 1회 이상 주기적으로 청소소독을 실시하여야 한다.

8) 제조시설관리

○ 식품취급설비로 인한 교차오염을 방지하기 위해 식품과 접촉하는 취급시설·설비는 인체에 무해한 내수성·내부식성 재질로 열탕·증기·살균제 등으로 소독·살균이 가능하여야 하며, 기구 및 용기류는 용도별로 구분하여 사용·보관하여야 한다.

○ 식품취급시설이나 설비의 파손 및 노후로 인한 교차오염을 방지하기 위해 주기적으로 파손 유무를 확인하여야 한다.

9) 회수관리

○ 식품위생상의 위해가 발생하였거나 발생할 우려가 있다고 인정되는 식품 등이 행정처분 기준에서 해당제품 폐기에 해당되는 제품은 회수·폐기하여야 한다.

○ 기준·규격에 부적합한 제품은 회수여부를 검토하고, 회수대상으로 결정된 경우 신속하게 회수하여야 한다.

○ 회수 관리를 위한 LOT형 관리(추적관리) : 생산일지에 생산된 제품의 제조일자/유통기한 표시, 제품 거래 기록서에 출고되는 제품의 제조일자/유통기한 표시(100kg 출고 시 제조일자/유통기한이 다를 경우 각각 제조일자/유통기한 기록)하여 회수가 가능하도록 관리한다.

2.	선행요건관리기준 일반위생관리	제(개)정일자	2015.00.00

○ 강제 회수 : 「식품위생법」 제45조 및 제72조에 근거한 회수
 ① 대상 : 식품위생상의 위해가 발생하였거나 발생할 우려가 있다고 인정되는 식품 등으로서 행정처분기준(시행규칙 제89조 관련)에서 당해제품 폐기에 해당되는 위반 사항이 적발된 식품 등
 ② 처리 범위 : 문제가 된 당해제품 전량 또는 특정로트 제품을 회수하는 것을 원칙으로 한다.
 ③ 처리기준 : 전량 회수 후 폐기한다.
 ④ 처리 기한 : 법적 회수에 대한 사항은 10일 이내 완료한다.
○ 자율회수 : 강제회수 이외의 위생상 위해우려가 의심되거나, 품질 결함 등의 이유로 영업자가 스스로 실시하는 회수
 ① 대상 : 「식품위생법」 제4조 내지 제6조, 제7조제4항, 제8조, 제9조제4항의 규정을 위반한 제품(식품 등의 위해와 관련이 없는 위반사항을 제외한다)
 ② 처리 범위 : 문제가 된 당해제품 전량 또는 특정로트 제품을 회수하는 것을 원칙으로 한다.
 ③ 처리 기준 : 전량 회수후 폐기한다.
 ④ 처리 기한 : 자율 회수에 대한 사항은 20일 이내 완료한다.
○ 자율 회수 기준 예시

발생구분		식품위생법	당사 자율 회수 대상
식품	제4조1	썩었거나 상하였거나 설익은 것으로서 인체의 건강을 해할 우려가 있는 것	소비자 클레임이 접수된 경우
	제4조2	유독·유해물질이 들어 있거나 묻어 있는 것 또는 그 염려가 있는 것, 다만, 인체의 건강을 해할 우려가 없다고 식약처장이 인정하는 것은 예외로 한다.	공정 모니터링 중 위해사항을 발견한 경우
	제4조3	병원미생물에 의하여 오염되었거나 그 염려가 있어 인체의 건강을 해할 우려가 있는것	원료, 공정, 완제품 미생물분석 시 식중독균 검출기준을 위반한 것
	제4조4	불결하거나 다른 물질의 혼입 또는 첨가 기타의 사유로 인체의 건강을 해할 우려가 있는 것	제품 내 이물 등이 혼입되어 소비자 클레임이 접수된 경우
	제4조5	영업의 허가를 받아야 하는 경우 또는 신고를 하여야 하는 경우에 허가받지 아니하거나 신고하지 아니한 자가 제조·가공·소분한 것	허가받지 아니하거나 신고하지 아니한 원료를 사용한 것
	제4조6	안전성 평가의 대상에 해당하는 농·축·수산물로서 안전성 평가를 받지 아니하거나 안전성 평가결과 식용으로 부적합하다고 인정된 것	안전성 평가를 받지 아니하거나 안전성 평가결과 식용으로 부적합하다고 인정된 원료를 사용한 것
	제4조7	수입이 금지된 것 또는 수입신고를 하여야 하는 경우에 신고하지 아니하고 수입한 것	수입 금지 및 수입신고를 하지 아니한 원료를 사용한 것
	제6조	기준·규격이 고시되지 아니한 화학적 합성품인 첨가물과 이를 함유한 물질을 식품첨가물로 사용하거나 이를 함유한 식품을 판매하거나 판매의 목적으로 제조·수입·가공·사용·조리·저장 또는 운반하거나 진열하지 못한다	검출 기준을 위반한 것
	제7조 4항	기준과 규격이 정하여진 식품 또는 식품첨가물은 그 기준에 의하여 제조·수입·가공사용·조리 또는 보존하여야 하며, 그 기준과 규격에 맞지 아니하는 식품 또는 식품첨가물은 판매하거나 판매의 목적으로 제조·수입·가공·사용·조리·저장·운반·보존 또는 진열 하지 못한다.	
기구 및 용기 포장	제8조	유독·유해물질이 들어있거나 묻어 있어 인체의 건강을 해할 우려가 있는 기구 및 용기·포장과 식품 또는 식품첨가물에 접촉되어 이에 유해한 영향을 줌으로써 건강을 해할 우려가 있는 기구 및 용기·포장을 판매하거나 판매의 목적으로 제조·수입·저장·운반 또는 진열하거나 영업상 사용 하지 못한다.	검출기준을 위반한 것 (재질 규격 및 용출규격)
	제9조 4항	기준과 규격이 정하여진 기구 및 용기·포장은 그 기준에 의하여 제조하여야 하며, 그 기준과 규격에 맞지 아니하는 기구 및 용기·포장은 판매하거나 판매의 목적으로 제조·수입·저장·운반·진열하거나 기타 영업상 사용하지 못한다.	

		선행요건관리기준	제(개)정일자	2015.00.00
3.		위해요소 및 예방·제거방법		

구분	제품에 해를 줄 수 있는 요인	예방·제거 방법
원·부재료	○ 기준·규격에 적합하지 아니한 원·부재료 사용으로 식중독균, 중금속 등에 오염이 가능하다	☞ 원료 생산업체가 시험성적서를 발급하는 규모의 업체의 경우 구매 시 시험성적서를 수령한다.
	○ 부적절한 포장재 사용으로 인하여 화학물질이 제품에 오염될 수 있다.	☞ 포장재에 대한 재질 확인 및 시험성적서등을 입수하여 관리한다.
	○ 원·부재료 자체에 식중독균 등 오염이 가능하다.	☞ 식중독균은 살균공정으로 제어할 수 있다.
공정 및 종사자	○ 원·부재료의 포장재 개포 시 비닐, 플라스틱, 금속캔 조각 등이 혼입될 수 있다.	☞ 비닐, 플라스틱의 경우 개포과정에서 제품에 혼입되지 않도록 주의한다. ☞ 금속이물의 경우 금속검출공정을 통해 관리할 수 있다.
	○ 종사자가 손세척·소독을 제대로 하지 않거나, 기구·설비 등의 세척·소독이 불충분할 경우 병원성대장균, 황색포도상구균 등의 식중독균이 제품에 교차 오염될 수 있다.	☞ 개인위생관리, 세척·소독관리를 통해 교차오염을 방지할 수 있다. ☞ 공정 중 교차오염된 식중독균은 멸균공정으로 제어할 수 있다.
	○ 종사자의 위생복 착용 불량 등으로 인해 머리카락, 실 등의 이물이 제품에 혼입될 수 있다.	☞ 연질이물의 경우 위생관리점검, 종사자 위생교육을 통하여 관리할 수 있다. ☞ 작업장 입실 전 복장착용상태 확인 및 이물제거를 철저히 실시한다.
	○ 제조공정에서는 스테인레스나 철재 질의 제조설비·도구 등의 마찰에 의해 발생되는 금속조각이나 나사, 너트 등이 제품에 혼입될 수 있다.	☞ 매일 작업 전·후 제조설비 및 도구의 파손상태를 확인한다. ☞ 금속이물의 경우 금속검출공정을 통해 관리할 수 있다.

기록(점검표)	제(개)정일자	2015.00.00

[기록(점검표) 관리]

1. 중요관리점(CCP) 점검표 ·································· 81

2. 중요관리점(CCP) 검증 점검표 ························· 83

3. 일반위생관리 및 공정점검표 ··························· 84

4. 방충·방서 점검표 ·· 85

5. 연간 교육 계획서 및 교육 훈련 일지 ············· 86

6. 모니터링 및 검사장비 검·교정 점검표 ············ 88

7. 용수관리 점검표 및 용수탱크 세척·소독 일지 ······· 95

8. 육안검사 기준 및 육안검사 일지 ····················· 98

9. 회수관리 일지 ·· 99

10. 클레임 일지(소비자 불만 및 이물관리 포함) ······· 103

11. 개선조치 보고서 ··· 105

[부록 예시]

1. 이물제거 도구 사용 기준 ································ 106

2. 구역별 복장 착용 및 세척·소독 기준 ·············· 107

3. 손 세척·건조·소독 기준 ··································· 108

☐ **기록(점검표) 관리 1. 중요관리점(CCP) 점검표**

중요관리점(CCP-1P) 모니터링일지
[금속검출공정]
(제품 생산이 있는 경우 모니터링 주기에 맞게 작성)

결재	작성자	승인자

작성일자		점검자	
한계기준	○ 금속이물(Fe 2.0mmΦ, STS 2.5mmΦ 이상) 불검출		
주 기	금속검출기 정상작동 여부 확인	작업시작 전, 작업 중 2시간마다, 작업 종료 후	
	금속검출기에 의한 공정품 확인	작업 중 상시	
방 법	○ 기기감도 　모니터링담당자는 기기 중간에 Test piece(Fe 2.0, STS 2.5mmΦ)를 통과시켜 검출여부를 확인하고 CCP-1P 모니터링 일지에 기록한다. ○ 제품감도 　모니터링담당자는 제품 중간에 Test piece(Fe 2.0, STS 2.5mmΦ)를 넣고 기기에 통과시켜 검출여부를 확인하고 CCP-1P 모니터링점검표에 기록한다. ○ 통과량 및 검출량 　모니터링담당자는 통과된 양과 검출된 양을 CCP-1P 모니터링점검표에 기록하고 HACCP팀장에 보고한다. ※ 금속검출기는 연1회 이상 정상작동 유무 확인		

금속검출기 감도 모니터링(판정 - 검출 : O, 불검출 : X)

☞ Tip ☜ 모니터링 통과 위치는 금속검출 유효성 평가 결과 중 취약 위치를 기준으로 선정

품명	통과 시간	Fe만 통과 (중간)	STS만 통과 (중간)	제품만 통과	Fe+제품 통과 (제품 중앙 아래)	STS+제품 통과 (제품 중앙 아래)	판정	서명
	:							
	:							
	:							
	:							

금속검출기 제품 통과

품명	통과량	검출량	특이사항

개선조치 방법	○ 금속성 이물 검출 시 　- 모니터링 담당자는 즉시 금속검출기의 작업을 중지하고 공정품을 보류하고 해당(이탈) 제품을 제거한다. 　- 공정품에 혼입된 금속이물을 찾아내고, 그 출처를 조사하여 원인을 제거한다. 　- 금속이물 검출 내역 및 개선조치 사항을 모니터링 일지에 기록 ○ 감도 이상 발생 시 　- 모니터링 담당자는 즉시 금속검출기의 작업을 중지하고 공정품을 보류한다. 　- 감도를 재조정한 후 정상적으로 작동 시 재가동한다. 　- 감도이상 발생 전부터 정상운전 확인시점까지 생산된 제품을 다시 검사한다. 　- 재검사 후 그 내역 또는 개선조치 사항을 모니터링 일지에 기록 ○ 기계적 고장 시 　- 모니터링 담당자는 즉시 금속검출기의 작업을 중지하고 공정품을 보류한다. 　- 수리 후 정상적으로 작동 시 재가동한다. 　- 수리 불가능할 때에는 납품업체에 수리를 의뢰한다. 　☆ 금속검출기의 고장으로 정상 운전 확인 이후에 생산된 제품과 금속검출기 미 통과제품에 대해서는 전량 검사대기품 표시(냉동보관)를 하여 금속검출기 수리 완료 후 전량 재통과한다. ○ 공통 : 개선조치 시 　- 문제 발생 시 HACCP팀장에게 보고 후 조치하며, 개선조치 후 모니터링 일지에 기록 후 HACCP팀장에게 승인을 받는다.

이탈내용	개선조치 및 결과	조 치 자	확 인

□ 기록(점검표) 관리 1. 중요관리점(CCP) 점검표

중요관리점(CCP-2B) 모니터링일지
[살균공정]
(제품 생산이 있는 경우 모니터링 주기에 맞게 작성)

결재	작성자	승인자

작성일자			점검자		
한계기준	온도 95~100℃		시간 15~20분		가열후 품온 70~85℃
주 기	온도		시간		가열후 품온
	작업시작 전, 작업중 2시간 마다, 작업 종료 시				
방 법	○ 살균 온도 모니터링담당자는 살균기에 부착된 판넬 온도를 확인하여 CCP-2B 모니터링일지에 기록한다. ○ 살균 시간 모니터링담당자는 살균기에 부착된 타이머로 살균시간을 확인하여 CCP-2B 모니터링일지에 기록한다. ○ 살균 후 품온 모니터링담당자는 살균이 완료된 제품에 대해 탐침형 온도계로 심부온도를 측정하여 CCP-2B 모니터링일지에 기록하고 HACCP팀장에게 보고한다. ※ 살균기 온도계/타이머 및 탐침형 온도계는 연 1회 검·교정을 실시한다.				

품 명	측정시각	살균온도 (판넬온도)	살균시간 (타이머)	가열후 품온 (탐침형온도계)	판 정 (적합/부적합)	서 명
	:	℃	분	℃		
	:	℃	분	℃		
	:	℃	분	℃		
	:	℃	분	℃		
	:	℃	분	℃		
	:	℃	분	℃		
	:	℃	분	℃		

| 개선조치방법 | ○ 살균 온도, 살균 속도(시간), 살균 후 품온 미달 시
- 모니터링 담당자는 한계기준 이탈시 즉시 작업을 중지한다.
- 살균 온도와 살균 속도(시간)를 재조정한 후 미달된 제품에 대하여 재살균을 실시하고 제품(관능)검사를 실시하여 이상이 없을 시 다음 공정을 진행한다.
- 한계기준 이탈내용과 개선조치 내용을 모니터링 일지에 기록
○ 살균온도, 살균 속도(시간) 초과, 살균 후 품온 초과 시
- 모니터링 담당자는 한계기준 이탈시 즉시 작업을 중지한다.
- 제품(관능)검사를 실시하여 이상이 없을 시 다음 공정을 진행하며 한다.
- 한계기준 이탈내용과 개선조치 내용을 모니터링 일지에 기록
○ 기계고장 시
- 모니터링 담당자는 살균기 등 기계고장 시 즉시 작업을 중지한다.
- 수리 후 정상적으로 작동 시 재가동한다.
☆ 즉각적인 수리가 불가능할 경우 교차오염이 되지 않도록 보호조치하여 냉장창고에 보관한 후, 수리가 끝나면 제품 생산을 계속 한다.
○ 공통 : 개선조치 시
- 문제 발생 시 HACCP팀장에게 보고 후 조치하며, 개선조치 후 모니터링 일지에 기록 후 HACCP팀장에게 승인을 받는다. |

한계기준 이탈내용	개선조치 및 결과	조 치 자	확 인

☐ 기록(점검표) 관리 2. 중요관리점(CCP) 검증점검표

중요관리점(CCP) 검증점검표
(매월 1회 작성)

결재	작성자	승인자

점검일자		점검자	

공정	검증 내용	기 록	
		예	아니오
금속검출 공정	종사자가 주기적으로 테스트피스를 통해 금속검출기의 감도 이상 유무를 확인하고 있습니까?	☐	☐
	모니터링 일지 확인 : 00월 00일 ~ 00월 00일까지 00개 정상 작성 확인		
	금속검출기는 연 1회 검·교정(또는 정기점검)이 이루어지고 있습니까?	☐	☐
	금속검출기 검·교정(또는 정기점검)일 : 0000년 00월 00일		
	종사자가 금속검출기 감도를 확인하는 방법을 정확히 알고 있습니까?	☐	☐
	모니터링 행동 관찰 : 00월 00일 00시		
	종사자가 한계기준 이탈 시 실시해야 하는 개선조치 방법을 알고 있으며, 이탈 및 개선조치 내용이 기록되고 있습니까?	☐	☐
	모니터링 담당자 인터뷰 : 00월 00일 00시		
살균 공정	종사자가 주기적으로 살균온도 및 살균시간, 살균 후 품온을 확인하고 그 내용을 기록하고 있습니까?	☐	☐
	모니터링 일지 확인 : 00월 00일 ~ 00월 00일까지 00개 작성 확인		
	살균기 온도계/속도계/타이머/탐침온도계는 연 1회 이상 검·교정이 이루어지고 있습니까?	☐	☐
	검·교정일 살균기 : 0000년 00월 00일, 속도계 : 0000년 00월 00일 타이머 : 0000년 00월 00일, 탐침온도계 : 0000년 00월 00일		
	종사자가 살균온도와 살균시간, 살균 후 품온을 확인하는 방법을 정확히 알고 있습니까?	☐	☐
	모니터링 행동 관찰 : 00월 00일 00시		
	종사자가 한계기준 이탈 시 실시해야 하는 개선조치 방법을 알고 있으며, 이탈 및 개선조치 내용이 기록되고 있습니까?	☐	☐
	모니터링 담당자 인터뷰 : 00월 00일 00시		
한계기준 이탈내용	개선조치 및 결과	조 치	확 인

☐ 기록(점검표) 관리 3. 일반위생관리 및 공정점검표

일반위생관리 및 공정점검표
(매일, 매주, 매월, 반기, 연간 주기에 맞게 작성)

결재	작성자	승인자

점검일자: _____ 점검자: _____

주기	관리	점검 내용	기록	
			예	아니오
일일 (작업전)	개인 위생	위생복장과 외출복장이 구분하여 보관되고 있는가?	☐	☐
		종사자의 건강상태가 양호하고 개인장신구 등을 소지하지 않으며, 청결한 위생복장을 착용하고 작업하고 있는가?	☐	☐
		위생설비(손세척기 등) 중 이상이 있는 것이 없으며, 종사자는 위생처리를 하고 입실하는가?	☐	☐
	방충 방서	작업장은 밀폐가 잘 이루어지고 있으며, 방충시설(방충망 파손 등)에는 이상이 없는가?	☐	☐
	설비	파손되거나 고장 난 제조설비가 있는가?	☐	☐
	입고 보관	냉장/냉동 제품 입고 시 배송차량온도 및 품온은 적절한가?(온도는 육안검사일지에 기록)	☐	☐
		냉장/냉동 창고의 온도가 적절히 관리되고 있는가? (냉장창고:10℃이하, 냉동창고:-18℃이하)	냉동창고 1 : ℃	냉동창고 2 : ℃
			냉동창고 1 : ℃	냉동창고 2 : ℃
일일 (작업중)	공정 관리	1) 청결구역작업과 일반구역작업이 분리되어 있으며 오염되지 않도록 관리되고 있는가?	☐	☐
		2) (구획이 안된 작업장의 경우) 청결구역 작업과 일반구역 작업이 시간차를 두고 이루어지고 있는가?	청결 작업시간 : 00-00시	일반 작업시간 : 00-00시
		증숙 후 냉각 공정이 적절히 관리되고 있는가	냉각온도 : 10.0℃ 냉각시간 : 2분	교체횟수 : 4회중 4회
		완제품의 포장 상태가 양호한가?	☐	☐
		모니터링장비(온도계 등)는 사용전후 세척·소독을 실시하고 있는가?	☐	☐
일일 (작업후)	방충 방서	작업장 주변의 음식물폐기물은 잘 정리되어 보관되어지고 있고, 주기적으로 반출되고 있는가?	☐	☐
	청소 소독	작업장 바닥, 배수로, 위생시설, 제조설비(식품과 직접 닿는 부분)의 청소·소독 상태는 양호한가?	☐	☐
	점검	중요관리점(CCP) 점검표를 작성 주기에 맞게 작성하고, 한계기준 이탈시 적절히 개선조치 하였는가?	☐	☐
일일 (입고시)	입고 검수	원·부재료 입고 시 시험성적서를 수령하거나, 육안검사를 실시하고 있는가?	☐	☐
주간	방충 방서	쥐덫, 해충유인 포획장치(날파리, 바퀴벌레 등)에 포획된 개체수는?	별도기록	
주간	청소 소독	냉장창고 내부 청소 상태는 양호한가?	☐	☐
		작업장 벽, 제조설비(제품과 직접 닿지 않는 부분)에 대한 청소·소독 상태는 양호한가?	☐	☐
		위생복 세탁은 실시하였는가?	☐	☐
매월 (첫째주)	청소	작업장 전체 청소 상태는 양호한가?	☐	☐
	교육	종사자 위생교육을 실시하였는가?	☐	☐
	검증	중요관리공정(CCP) 검증표를 작성하였는가?	☐	☐
매분기	검사	완제품에 대한 검사를 실시하였는가?	20 . .	
연간	점검 검사	살균기 및 냉장/냉동창고의 온도계, 속도계, 타이머, 탐침형온도계, 저울은 검·교정하였는가?	20 . .	
		금속검출기에 대한 정기점검을 실시하였는가?	20 . .	
		용수검사(지하수의 경우)를 실시하였는가?	20 . .	

특이사항	개선조치 및 결과	조치	확인

☐ 기록(점검표) 관리 4. 방충·방서 점검표

방충·방서 점검표
(매 주 1회 작성)

점검일자	결재	작성자	승인자

구분		비래 해충						보행해충					설치류		
설비명	설치위치	파리	나방	모기	하루살이	기타	합계	바퀴	거미	개미	기타	합계	쥐	기타	합계
포충등 1	입고전실														
포충등 2															
포충등 3															
포충등 4															
바퀴트랩 1	출입문 내부 좌														
바퀴트랩 2	출입문 내부 우														
바퀴트랩 3															
바퀴트랩 4															
바퀴트랩 5															
바퀴트랩 6															
쥐트랩 1	출입문 외부 좌														
쥐트랩 2	출입문 외부 우														
쥐트랩 3															
쥐트랩 4															
쥐트랩 5															
쥐트랩 6															

관리사항	○ 각 설비 파손 등에 따라 점검 또는 교체 시 기록하여 관리

기준이탈(원인파악)	개선조치
○ 바퀴트랩(끈끈이 형태)은 외부와 연결된 내부 문 좌/우 설치, 쥐트랩(끈끈이형태)은 외부에 설치 ○ 작성방법: 설비는 업체 상황에 맞게 설치 후 모니터링일지와 일치 시킴	○ 운영방법: 각 개체수별 기록하여 합계로 1~3단계, 개체수 증가 시에 해당되는 조치 필요(원인 파악 후 기준이탈에 명시 후 개선조치란에 개선조치 내용 기입 필요)

☐ 기록(점검표) 관리 5. 연간 교육 계획서 및 교육 훈련 일지

연간 교육훈련 계획서 (교육 주제를 선정하여 계획 한 후 계획한 월에 맞게 종사자 교육 실시)			결재	작성자						승인자			

작성일					작성자								

구분	대상	교육내용	2016년					2015년						
			1월	2월	3월	4월	5월	6월	7월	8월	9월	10월	11월	12월
의무 교육	대표	HACCP최고경영자(영업자) 과정						○						
	공장장 또는 팀장	HACCP 팀장과정						○						
	자체	HACCP 팀원과정								○				
	대표	위생교육	○											
사내 위생/HACCP 교육		세척, 소독관리	○											
		개인 위생관리 점검		○										
		HACCP 관리(일반개요)			○									
		환경 위생관리(방충방서)				○								
		원·부자재, 완제품관리					○							
		HACCP의 7원칙 12절차 중 5절차						○						
		HACCP의 7원칙 12절차 중 7원칙							○					
		제조설비 및 작업장 관리 방법								○				
		CCP모니터링 및 관리 중요성									○			
		작업장 청결관리										○		
		개인위생관리											○	
		복장착용요령, 입·퇴실요령, 클레임 방지 대책												○
모니터링 담당자 교육		한계기준, 모니터링 방법, 개선조치 방법 ※모니터링 담당자 변경 시 즉시 교육	○	○	○	○	○	○	○	○	○	○	○	○
신입사원		기초 위생 교육	출근 시 교육 후 현장 투입												
		HACCP 전반 교육	현장 투입 후 15일 이내												
강사기준		내부 : 해썹 팀장 교육 이수 및 입사 1년 이상인자 외부 : 해썹 팀장 교육 이수 및 해썹 전문 기관 근무자													

☐ 기록(점검표) 관리 5. 연간 교육 계획서 및 교육 훈련 일지

교육 훈련 일지
(월 계획에 맞게 매월 교육 실시)

		작성	승인
교육자	홍길동	장소	회사 사무실
일시	000. 00. 00(수)	시간	14:00 ~ 15:00(1시간)
대상	전직원(또는 모니터링 담당)	구분	내부교육(전달, 동영상)

교육내용	교재	소규모 HACCP관리 기준서(별첨)
		선행요건관리 중 제조설비 및 작업장 관리 방법
	요약	※ 교재 및 교육 내용을 요약 1. 올바른 손세척 방법 및 개인용품관리 - 손세척 방법 및 탈의실 청소관리 미흡사항 설명 2. 작업장 및 제조설비 청소/소독 - 작업장 및 제조설비 청소/소독 주기 설명 - 작업장 및 제조설비 종류에 따른 청소/소독 방법 설명
	증빙	※ 교육 훈련 사진 추가

참석자	교육일	참석자	교육일	참석자
		종사자 이름은 수기로 쓰고 서명도 수기로 작성		(인)
		(인)		(인)
		(인)		(인)
		(인)		(인)
		(인)		(인)
		(인)		(인)
		(인)		(인)

교육 후 결과	1. 종사자들의 집중도- 내용 기술 2. 종사자들의 이해도- 구두 평가한 후 기술 3. 종사자들의 교육 내용 반영도- 현장에서 반영되는지 체크 후 기술
개선조치	

□ 기록(점검표) 관리 6. 모니터링 및 검사장비 검·교정 점검표

우리 회사 검·교정 대상
(자사에 맞게 사진, 내용, 양식 수정하여 작성 및 운영 필요 - 년 1회)

대상	공인기관 검교정 일자	자체 검교정 일자	차기 검교정 일자
냉장창고 1 판넬 온도계		0000.00.00	0000.00.00
냉장창고 2 판넬 온도계		0000.00.00	0000.00.00
냉동창고 1 판넬 온도계	0000.00.00		0000.00.00
냉동창고 2 판넬 온도계			
살균기 판넬 온도계			
살균기 타이머			
탐침온도계			
냉각기 판넬 온도계			
금속검출기			
저울 1			
저울 2			

※ 공인기관 검교정 의뢰 시 한국인정기구 코라스에서 지역별 검교정 업체 검색 가능
(http://www.kolas.go.kr/usr/inf/srh/InfoCrrcInsttSearchList.do)

※ 자체 검교정 허용오차 기준
 - 자체 검교정 허용오차 기준은 별도의 기준은 없으나, "중소기업 haccp적용 지침서"를 참고하면 저울은 ± 1% 온도계는 ± 1℃로 설정되어 있음
 - 저울의 ± 2%나 온도계의 ± 2℃를 검교정 오차범위로 설정할 경우 편차의 크기가 4%(℃)로 그 적합성 유무를 확인할 필요가 있으며, 보정하여 사용하는 것을 권고함

☐ 기록(점검표) 관리 6. 모니터링 및 검사장비 검·교정 점검표

자체 검·교정 일지
(자사에 맞게 작성 - 년 1회)

결재	작성자	승인자

검·교정 제품명	교정 일자
냉장창고 1 판넬 온도계	

검·교정 방법	1. 감온봉(온도센서 장치)의 위치 확인: 온도가 가장 높게 측정되는 곳에 설치되어야 함 2. 공인기관에서 검교정 받은 온도계 준비(측정 단위 0.1℃, 동일 온도범위를 측정할 수 있는 온도계) 3. 검교정 온도계의 감온봉을 냉장/냉동창고 내부의 감온봉과 나란히 부착(선이 긴 감온봉은 온도 표시기를 외부에 부착) 4. 10분 대기 후 검교정 온도계로 측정한 값과 판넬 온도계와 비교(막대형 감온봉은 판넬 온도계 값을 먼저 측정 후 내부로 들어가 검교정 온도계 값을 재빨리 측정) 후 기록 5. 검교정 온도계와 판넬 온도계 값의 차이를 보정 값으로 표시하여 값을 읽을 수 있도록 한다
판정기준	± 1℃
개선조치 방법	1. 판정 기준에 이탈 시 판넬 온도계 교정(또는 보정) 후 재 측정하여 기준 이내로 수정 2. 교정(또는 보정) 불가능한 경우 온도계 교체 3. 교체 불가능한 경우 외부업체 의뢰

검교정 온도계 사진	위치 고정 사진	결과 값 사진

검·교정 결과

구분	검교정 온도계 값(A)	판넬 온도계 값(B)	오차 (A-B)	보정 값	합격 판정
1차	-16.0	-18.0	2.0		불합격
2차	-18.0	-18.0	0.0	0.0	합격

이탈 내용	개선조치 및 결과
1차 불합격 판정	판넬 온도계 보정 후 2차 재 측정하여 합격 판정

☐ 기록(점검표) 관리 6. 모니터링 및 검사장비 검·교정 점검표

자체 검·교정 일지
(자사에 맞게 작성 - 년 1회)

결재	작성자	승인자

검·교정 제품명	교정 일자
살균기 판넬 온도계	

검·교정 방법	1. 공인기관에서 검교정 받은 온도계 준비(측정 단위 0.1℃, 동일 온도범위를 측정할 수 있는 온도계) 2. 검교정 온도계의 감온봉을 살균기 내부의 감온봉과 최단거리의 물속에 넣는다. 3. 30초 이상 기다린 후 검교정 온도계 값과 대상온도계의 값을 확인 후 기록한다. 4. 검교정 온도계와 대상 온도계 값의 차이를 보정 값으로 표시하여 값을 읽을 수 있도록 한다.
판정기준	± 1℃
개선조치 방법	1. 교정(또는 보정) 불가능한 경우 온도계 교체 2. 교체 불가능한 경우 외부업체 의뢰 또는 구매

검교정 온도계 사진	결과 값 사진

검·교정 결과

구분	검교정 온도계 값(A)	대상 온도계 값(B)	오차 (A-B)	보정 값	합격 판정
1차	92.5℃	92.7℃	-0.2℃	0.2℃	합격

이탈 내용	개선조치 및 결과

☐ 기록(점검표) 관리 6. 모니터링 및 검사장비 검·교정 점검표

자체 검·교정 일지 (자사에 맞게 작성 - 년 1회)		결재	작성자	승인자

검·교정 제품명	교정 일자
냉각기 판넬 온도계	

검·교정 방법	1. 공인기관에서 검교정 받은 온도계 준비(측정 단위 0.1℃, 동일 온도범위를 측정할 수 있는 온도계) 2. 검교정 온도계의 감온봉을 냉각기 내부의 감온봉과 나란히 위치 3. 30초 이상 기다린 후 검교정 온도계 값과 대상온도계의 값을 확인 후 기록한다. 4. 검교정 온도계와 대상 온도계 값의 차이를 보정 값으로 표시하여 값을 읽을 수 있도록 한다.
판정기준	± 1℃
개선조치 방법	1. 교정(또는 보정) 불가능한 경우 온도계 교체 2. 교체 불가능한 경우 외부업체 의뢰 또는 구매

검교정 온도계 사진	결과 값 사진

검·교정 결과					
구분	검교정 온도계 값(A)	대상 온도계 값(B)	오차 (A-B)	보정 값	합격 판정
1차	-0.8℃	-1.0℃	+0.2℃	0.2℃	합격

이탈 내용	개선조치 및 결과

☐ **기록(점검표) 관리 6. 모니터링 및 검사장비 검·교정 점검표**

자체 검·교정 일지
(자사에 맞게 작성 - 년 1회)

결재	작성자	승인자

검·교정 제품명	교정 일자
저울 (검교정된 표준분동을 사용할 경우)	

검·교정 방법	1. 공인기관에서 검교정 받은 표준분동(측정값의 낮음/측정/높은 무게를 측정할 수 있는 분동) 준비 2. 평평한 곳에서 저울의 영점을 조정한다. 3. 각 표준분동을 저울에 올리고 저울의 지시값을 기록 후 평균값을 기록한다. 4. 보정율 값을 구한다. (지시값 평균값 ÷ 표준분동 평균값) 5. 보정율값이 적합이면 사용 시에 보정율 값 또는 편차값을 표시하여 값을 읽을 수 있도록 한다.
판정기준	+/- 1%
개선조치 방법	1. 보정 불가능한 경우 저울 교체 2. 교체 불가능한 경우 외부업체 의뢰

표준 분동 사진	낮은 무게 사진	측정 무게 사진	높은 무게 사진

검·교정 결과

측정값			보정율	합격 판정
	표준분동값	측정값		
낮은 단계	2.25kg	2.25kg		
측정 단계	2.50kg	2.50kg	0.0%	합격
높은 단계	2.75kg	2.75kg		
평균값	2.50kg	2.50kg		
저울 중앙에서 측정				

예시-저울 최대 측정 값이 3kg이고 자사에서 사용하는 측정 값은 2.5kg일 경우

이탈 내용	개선조치 및 결과

☐ 기록(점검표) 관리 6. 모니터링 및 검사장비 검·교정 점검표

자체 검·교정 일지
(자사에 맞게 작성 - 년 1회)

결재	작성자	승인자

검·교정 제품명	교정 일자
저울 (검교정된 표준저울을 사용할 경우)	
검·교정 방법	1. 공인기관에서 검교정 받은 표준저울(측정값과 동일한 저울) 준비 2. 자체 분동을 준비(뚜껑이 있는 용기 3개에 낮음/측정/높은 무게를 달리하여 수돗물을 담는다) 3. 평평한 곳에서 각각 저울의 영점을 조정한다. 4. 각 자체분동을 검교정 저울에 올리고 지시값 기록, 대상 저울에 올리고 지시값 기록한 후 평균 값을 기록한다. 5. 보정율 값을 구한다. (지시값 평균값 ÷ 검교정 저울 평균값) 6. 보정율값이 적합하면 사용 시에 보정율 값 또는 편차값을 표시하여 값을 읽을 수 있도록 한다.
판정기준	+/- 1%
개선조치 방법	1. 보정 불가능한 경우 저울 교체 2. 교체 불가능한 경우 외부업체 의뢰

자체 분동 제작 사진	낮은 무게 사진	측정 무게 사진	높은 무게 사진

검·교정 결과

측정값		보정율	합격 판정
검교정 저울 중앙에서 측정 | | 지시값 | | 낮은 단계 | 2.25kg | | 측정 단계 | 2.50kg | | 높은 단계 | 2.75kg | | 평균값 | 2.50kg |	**대상 저울 중앙에서 측정** | | 지시값 | | 낮은 단계 | 2.25kg | | 측정 단계 | 2.50kg | | 높은 단계 | 2.75kg | | 평균값 | 2.50kg |	0.0%	합격

예시-검교정 저울 최대 측정 값 3kg이면 대상 저울도 최대 측정값이 3kg로 동일해야함

이탈 내용	개선조치 및 결과

☐ 기록[점검표] 관리 6. 모니터링 및 검사장비 검·교정 점검표

자체 검·교정 일지 (자사에 맞게 작성 - 년 1회)	결재	작성자	승인자

검·교정 제품명	교정 일자
타이머 (설균 시간이 10분이면 10분 동안 측정)	

검·교정 방법	1. 한국표준과학연구원 사이트에 접속하여 표준시각프로그램(UTCR 3,1)을 다운 받음 URL : http://www.kriss.re.kr/2010/standard/12.html 2. 다운로드한 압축파일을 푼 후 설치 및 가동시킨다. 3. 프로그램과 대상 타이머를 동시에 시작하여 60초 이상 지났을 때 동시에 멈추어 프로그램과의 오차를 측정(모니터링 시간에 맞추어 멈추는 것을 권장: 모니터링 시간이 5분이면 5분 후 멈춤)
판정기준	+/- 0초
개선조치 방법	1. 보정 후 재측정 2. 보정 불가능한 경우 타이머 교체

측정 전 제품 사진	시작점 사진	종료점 사진

검·교정 결과

표준 값(A) 시작점	타이머 값(B) 시작점	표준 값(A) 종료점	타이머 값(B) 종료점	오차 (A-B)	합격 판정
15:15:00	00:00	15:17:27	02:27	0	합격

이탈 내용	개선조치 및 결과

☐ 기록(점검표) 관리 7. 용수관리 점검표 및 용수탱크 세척·소독 일지

용수관리 점검표
(자사에 맞게 작성 - 매주 1회)

점검기간	결재	작성자	승인자

점검주기	1회 / 주	범 례	양호[○], 불량[×]

점 검 사 항

구 분		점검항목	점검일자 및 결과				
			1주 (/)	2주 (/)	3주 (/)	4주 (/)	5주 (/)
저수조	주변	쓰레기등 불필요한 물건이 방치되어 있지 않는가?					
		청소상태는 깨끗한가?					
	상부	잠금장치는 제대로 설치되어 있는가?					
		오염원은 없는가?					
	내부	균열 혹은 누수는 없는가?					
		침전물은 없는가?					
		부유물질은 없는가?					
공급시설	배관	균열 혹은 누수는 없는가?					
		접합부는 제대로 고정되어 있는가?					
		침전물 등의 발생은 없는가?					
	급수펌프	정상적으로 작동하는가?					
		접합부는 제대로 고정되어 있는가?					
점검자 (서 명)							

이 탈 사 항

발생일자	발생장소	이탈내역	조치내역 및 결과	조치일자	조치자	확인자

☐ 기록(점검표) 관리 7. 용수관리 점검표 및 용수탱크 세척·소독 일지

용수탱크 세척·소독 일지 (자사에 맞게 작성 - 반기 1회)		결재	작성자	승인자
대상		일시		작성자
용수탱크 1				
소독제				
세척/소독 방법 예시		1. 탱크 안의 물을 제거한 후 세척전의 용수탱크 안을 사진기로 찍는다. 2. 깨끗한 헝겊 또는 이물이 발생 되지 않는 수세미로 탱크 벽면과 바닥의 물곰팡이 또는 이끼를 제거한다. 3. 깨끗한 물로 헹구어 내고 물을 제거한다. 4. 소독제로 탱크 벽면과 바닥을 소독한 후 깨끗한 물로 헹구어 낸다. 5. 사진기로 세척/소독 후 사진을 찍고 용수탱크 문을 잠근다.		
세척/소독 전 사진		세척/소독 중 사진		세척/소독 후 사진
이탈 내용				개선조치 및 결과

☐ 기록(점검표) 관리 8. 육안검사 기준 및 육안검사 일지

육안검사 기준

(자사에 맞게 수정)

검사구역	원료보관 창고 검수대	조도기준	540 LUX 이상
원부재료명	검사 기준		
양파 (농산물)	- 성적서 구비: 반기별 성적서 구비 시 잔류 농약 등 항목 확인 - 차량온도: 냉장 입고시 10℃ 이하 유지 되었어야 적합 - 차량상태: 내부 청결 유지하여야 적합 - 외포장재: 외부오염이 없고, 파손 없고, 빗물에 젖지 않아야 적합 - 내포장재: 비닐포장 훼손 없어야 적합 - 성상: 짓무름 없고 싹이 나온 것 없어야 적합 - 이물혼입: 끈, 양파망, 철사 등 이물 혼입 없어야 함 - 표시사항: 표시기준 정상 유무 확인(표시사항 기재)		
소맥분 (분말)	- 성적서 구비: 반기별 성적서 구비 시 법적 항목 확인 - 차량상태: 내부 청결 유지하여야 적합 - 파렛트: 파손 없어야 함 - 유통기한은 남은 기간의 1/4이 경과 되지 않을 것 - 포장재: 외부오염이 없고, 파손 없고, 빗물에 젖지 않아야 적합 - 성상: 고유의 색택만 적합 - 이물혼입: 개포 시(또는 후) 이물 혼입 없어야 함 - 표시사항: 표시기준 정상 유무 확인(표시사항 기재)		
내포장재	- 성적서 구비: 반기별 성적서 구비 시 법적 항목 확인 - 차량상태: 내부 청결 유지하여야 적합 - 파렛트: 파손 없어야 함 - 외포장재: 외부오염이 없고, 파손 없고, 빗물에 젖지 않아야 적합 - 내포장재: 밀봉되어 있어야 적합 - 이물혼입: 개포 시(또는 후) 이물 혼입 없어야 함 - 표시사항: 표시기준 정상 유무 확인(표시사항 기재)		
고기 (냉장 및 냉동 제품)	- 성적서 구비: 반기별 성적서 구비 시 항생제 등 항목 확인 - 차량온도: 냉장 입고 시 -18℃ 이하 유지되었어야 적합 - 차량상태: 내부 청결 유지하여야 적합 - 외포장재: 외부오염이 없고, 파손 없고, 빗물에 젖지 않아야 적합 - 내포장재: 비닐포장 훼손 없어야 적합 - 성상: 등급기준 - 이물혼입: 개포 시(또는 후) 이물 혼입 없어야 함 - 표시사항: 표시기준 정상 유무 확인(표시사항 기재)		
모든 원부재료 나열	품목제조보고서에 해당되는 모든 원부재료 입고 검사 기준 작성 필요		

□ 기록(점검표) 관리 8. 육안 검사 기준 및 육안 검사 일지

육안검사일지

(자사에 맞게 작성 - 매 입고 시 작성) (원부재료 입고 시 수기로 작성)

일자:
작성자:
승인자:

입고일시	품명	성적서 구매여부	성적서 항목 적합	유통기한	차량온도	차량상태	파렛트	외포장재	내포장재	성상	이물혼입	표시기준	적합여부	부적합 시 조치 내용
0000,00,00	쇠고기	○	○	0000,00,00까지		○	-	○	○	-	-		적합	
0000,00,00	내포장재	○	○	-		-	-	○	○	-	-		적합	
0000,00,00	양파	-	-	-	11℃	×	○	×	○	○	×		부적합	전량 반품
0000,00,00	돼지고기	○	×	-	-11℃	○	○	×	×	○	×		부적합	전량 반품

- : 해당없음, × : 부적합, ○ : 적합

☐ 기록(점검표) 관리 9. 회수관리 일지

회수 관리 (자사에 맞게 내용, 양식 수정하여 작성 및 운영 필요)	결재	작성자	승인자

1. 회수 관리를 위한 LOT형 관리

★ 추적 관리: 생산일지에 생산된 제품의 제조일자/유통기한 표시, 제품 거래 기록서에 출고되는 제품의 제조일자/유통기한 표시(100kg 출고 시 제조일자/유통기한이 다를 경우 각각 제조일자/유통기한 기록)하여 회수가 가능하도록 관리

2. 회수 발생 시 절차

제품 회수 상황 발생

↓

HACCP팀장에게 통보- HACCP팀장은 회수 여부 결정

↓

회수 계획 수립

(1) 회수 대상 제품 관련정보
(2) 회수실시방법 수립
(3) 회수공표문, 회수문안 및 공표 방법 결정
(4) 회수처리 기간 및 방법 결정
(5) 생산량, 출고량, 재고량 확인

↓

해당업체(대리점 및 유통점)의 FAX 및 유선을 통한 회수문 통보

↓

제품 회수 실시

↓

제품 회수 결과 보고서 작성

↓

회수제품의 발생원인 분석 및 개선조치 작성 후 관리

☐ 기록(점검표) 관리 9. 회수관리 일지

3. 거래처 연락망

거래처명	주소	연락처	팩스	담당자	휴대폰	비고
@@식품	대전 중구 보문로 246	042-000-000	042-000-000	홍길동	010-000-000	

□ **기록(점검표) 관리 9. 회수관리 일지**

4. 판매 조직도

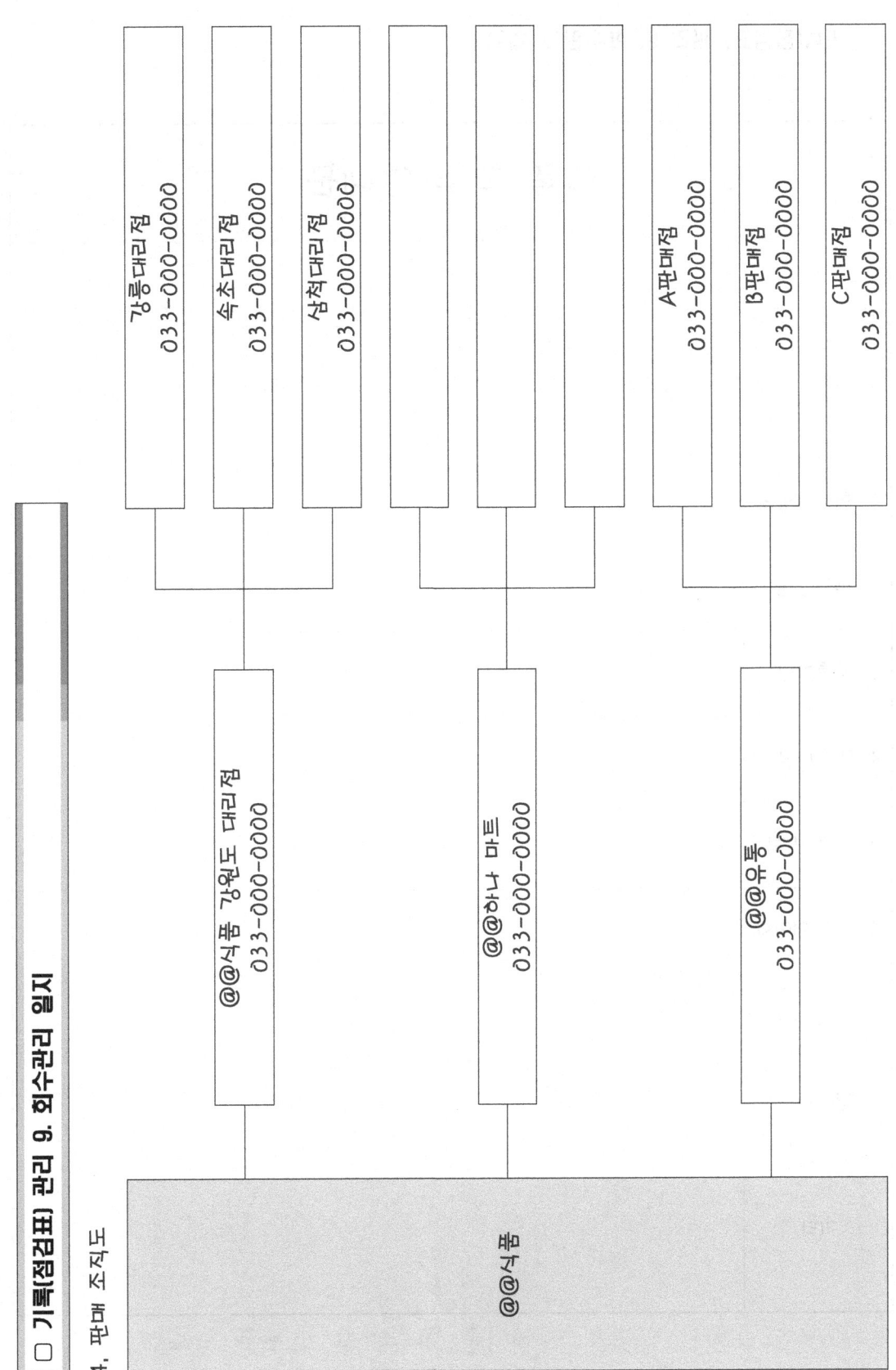

☐ **기록(점검표) 관리 9. 회수관리 일지**

5. 회수 안내문

식품 회수 안내문

회수제목 예시 1: 식품위생법 제73조의 규정에 의하여 관련기관으로부터 공표명령을 받아 아래의 제품을 긴급회수 합니다.

회수제목 예시 2: 식품위생법 제45조의1 규정에 의하여 아래의 제품을 자율회수 합니다.

1. 회수제품명	
2. 생산공장	
3. 유통기한	
4. 회수사유	
5. 회수 방법	
6. 회수 영업자	
7. 영업자 주소	
8. 연락처	
기타	

※ 자세한 내용은 식약처 위해식품 회수지침 전문을 참조하세요

☐ **기록(점검표) 관리 10. 클레임 일지(소비자 불만 및 이물관리 포함)**

클레임 일지(소비자 불만 및 이물관리 포함) (자사에 맞게 내용, 양식 수정하여 작성 및 운영 필요)		결재	작성자	승인자
일시		작성자		
신고자				
내용				
사진				
발생원인				

	고객		자사
개선조치		개선조치	
증빙		증빙	

☐ **기록(점검표) 관리 10. 클레임 일지(소비자 불만 및 이물관리 포함)**

클레임 일지(소비자 불만 및 이물관리 포함) (자사 내에서 이물 발견한 경우 예시)		결재	작성자	승인자

일시	0000. 00. 00(수)	작성자	홍길동
신고자	생산부 홍말자		
내용	완제품에 금속이물 발생되어 보고		
사진	제품 사진 첨부		제품 사진 첨부
발생원인	건조기 부속품인 건조망이 파손되어 제품에 혼입		

	고객		자사
개선조치		개선조치	1. 이물 혼입된 제품 폐기 2. 건조망 교체
증빙		증빙	1. 파손 부위 사진, 교체 사진 별첨 2. 금속검출 모니터링 일지 기록 3. 제조설비 이력카드 일지 기록사진

☐ 기록(점검표) 관리 11. 개선조치 보고서

평가항목	평가내용 (지적내용 기술)	개선조치 전 (평가 시 지적사항에 대한 원인 기술)	개선조치 후 (개선조치 한 내용에 대한 증빙 자료와 내용 기술)	개선조치 완료일
☐ 선행요건 관리				
1	- 원료창고 외부출입문 하단 틈 발생으로 밀폐관리 필요	개선 전 사진	개선 후 사진	
		✓ 하단 고무패킹 점검이 미흡하여 밀폐가 안됨.	✓ 틈새를 밀폐하여 해충이나 설치류유입을 차단하여 위생관리 함.	0000.00.00
10	- 완제품 냉동창고 온도계 자체 검교정 재실시 필요	개선 전 사진	개선 후 사진	
		✓ 완제품 냉동창고 온도계 자체 검교정 재실시 필요	✓ 검교정받은 디지털 온도계로 완제품 냉동창고 온도계 자체 검교정을 실시하였음.	0000.00.00
14	- 판매기록부에 제조일자(로트관리) 필요	개선 전 사진	개선 후 사진	
		✓	✓ 별첨 ① 첨부(판매기록부)	0000.00.00
☐ HACCP 관리				
16	- 금속검출공정(CCP-1P)에 대한 한계기준(실제 검출가능한 기준) 재설정 필요	개선 전 사진	개선 후 사진	
		✓	✓ 별점 ② 첨부(금속검출 한계기준 설정표)	0000.00.00
20	- 금속검출공정(CCP-1P)관리상항에 대한 검증 재실시 필요	개선 전 사진	개선 후 사진	
		✓	✓ 별점③ 검증 첨부	0000.00.00

☐ 부록 예시 1. 이물제거 도구 사용 기준(자사에 맞게 수정)

이물제거기 관리 방법 | 이 물 제 거 방 법

1	2
3	4

○ 거울 보고 머리 → 어깨 → 앞면 → 뒷면 → 팔 → 다리 순서로 위에서 아래방향으로 꼼꼼하게 이물을 제거한다.

○ 2인 1조는 연설상 어려우므로 순잡이가 긴 형태로 혼자 이물제거 가능하게 운영

끈끈이 롤러는 2회 사용 후 점착식 테이프로 제거한 후 사용한다.

□ **부록 예시 2. 구역별 복장 착용 및 세척·소독 기준(자사에 맞게 수정)**

	청정구역	일반구역	외포장실, 공무, 자재	외부인
착용모습				
착용품	위생복 ○	위생복 ○	위생복 ○	위생복 ○(방문자용)
	위생모 ○	위생모 ○	위생모 ○	위생모 ○
	위생화 ○	위생화 ○	위생화 ○(맹꽁이신발)	위생화 ○(덧신 또는 방문자용)
	앞치마 ○	앞치마 ○	앞치마 -	앞치마 -
	위생장갑 ×	위생장갑 ○(위생장갑 안)	위생장갑 -	위생장갑 -
	면장갑 ○	면장갑 -	면장갑 -	면장갑 -
	마스크 ○	마스크 필요시(청결 출입시 착용)	마스크 필요시(청결 출입시 착용)	마스크 필요시(청결 출입시 착용)
세척/소독	위생복 주 2회 이상	위생복 주 2회 이상	위생복 주 1회 이상	위생복 1회 사용 후 교체
	위생모 주 2회 이상	위생모 주 2회 이상	위생모 주 1회 이상	위생모 -
	위생화 입실 시, 작업 중 소독 / 퇴실 시 세척/소독	위생화 입실 시, 작업 중 소독 / 퇴실 시 세척/소독	위생화 퇴실 시	위생화 1회용 또는 주 1회
	앞치마 -	앞치마 매일	앞치마 -	앞치마 -
	위생장갑 -	위생장갑 -	위생장갑 -	위생장갑 -
	면장갑 -	면장갑 -	면장갑 -	면장갑 -
	마스크 1회용	마스크 1회용	마스크 1회용	마스크 1회용
위생복 지급 기준		- 1인당 2벌씩 지급 - 종사자가 작업 중 위생복에 심한 오염이 발생한 경우는 위생복 즉시 교체 : 종사자가 여벌이 없는 경우 추가로 지급		

- 107 -

□ 부록 예시 3. 손 세척·건조·소독 기준(자사에 맞게 수정)

① 예비세척	② 비누 묻히기
흐르는 물에 손과 팔목을 적신다	충분한 양의 액체 비누를 바른다

③ 거품내기	④ 문지르기
양손을 반복해서 문지른다	손가지를 끼고 반복해서 문지른다

□ 부록 예시 3. 손 세척/소독/건조 기준(자사에 맞게 수정)

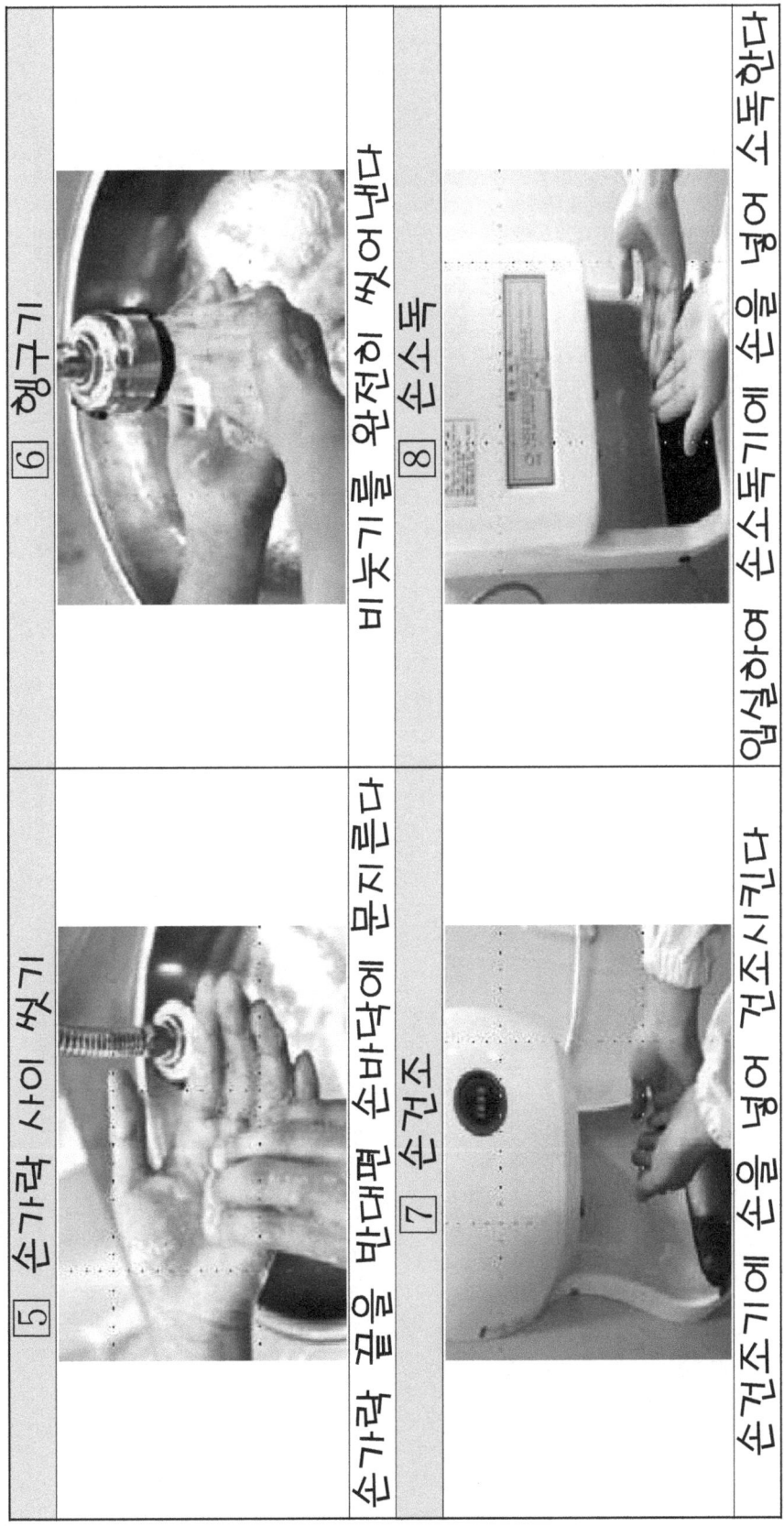

⑤ 손가락 사이 씻기 — 손가락 끝을 반대편 손바닥에 문지른다
⑥ 헹구기 — 비눗기를 완전히 씻어낸다
⑦ 손건조 — 손건조기에 손을 넣어 건조시킨다
⑧ 손소독 — 입실하여 손소독기에 손을 넣어 소독한다

해썹은 식품안전관리를 위해 필요한 조치의 기준을 자발적으로 정한 것으로서 조치의 적절성뿐만 아니라 지속적인 준수여부가 성공적인 해썹의 중요한 요소입니다. 따라서, 운영 과정에서 발생하는 문제점을 기록·개선하는 노력을 통하여 더욱 철저하게 관리될 수 있도록 해썹 프로그램을 지속적으로 발전시켜야 할 것입니다.

편집위원장 : 양진영
감수위원 : 강석연, 오혜영
편집위원 : 정형욱, 김세환, 백남이, 김미자, 김성조, 정보용, 최규덕

소규모업체를 위한 순대 해썹(HACCP) 관리

초판 인쇄 2017년 04월 19일
초판 발행 2017년 04월 24일
저 자 식품의약품안전처·한국식품안전관리인증원
발행인 김갑용
발행처 진한엠앤비
주소 서울시 서대문구 독립문로 14길 66 205호
    (냉천동 260, 동부센트레빌아파트상가동)
전화 02) 364 - 8491(대) / 팩스 02) 319 - 3537
홈페이지주소 http://www.jinhanbook.co.kr
등록번호 제25100-2016-000019호 (등록일자 : 1993년 05월 25일)
ⓒ2017 jinhan M&B INC, Printed in Korea

ISBN 979-11-290-0039-2 (93590)   [정가 10,000원]

☞ 이 책에 담긴 내용의 무단 전재 및 복제 행위를 금합니다.
☞ 잘못 만들어진 책자는 구입처에서 교환해드립니다.
☞ 본 도서는 [공공데이터 제공 및 이용 활성화에 관한 법률]을 근거로
   출판되었습니다.